精油香水

一玩就上瘾的精油调香小百科

张莉娜 / 著
周祯和 / 摄影

中国轻工业出版社

图书在版编目（CIP）数据

精油香水：一玩就上瘾的精油调香小百科 / 张莉娜著. —北京：中国轻工业出版社，2020.12
ISBN 978-7-5184-3167-0

Ⅰ. ①精… Ⅱ. ①张… Ⅲ. ①香精油 – 基本知识 Ⅳ. ① TQ654

中国版本图书馆 CIP 数据核字（2020）第 167094 号

策划编辑：钟　雨　　责任终审：劳国强　　整体设计：锋尚设计
责任编辑：钟　雨　　责任校对：朱燕春　　责任监印：张　可

出版发行：中国轻工业出版社（北京东长安街6号，邮编：100740）
印　　刷：北京博海升彩色印刷有限公司
经　　销：各地新华书店
版　　次：2020年12月第1版第1次印刷
开　　本：710 × 1000　1/16　印张：21
字　　数：300千字
书　　号：ISBN 978-7-5184-3167-0　定价：98.00元
邮购电话：010-65241695
发行电话：010-85119835　传真：85113293
网　　址：http://www.chlip.com.cn
Email：club@chlip.com.cn
如发现图书残缺请与我社邮购联系调换
200355S6X101ZYW

Contents
目 录

Part 1 基础篇

本篇将概述精油调香的历史与典故、调香师们的香水修炼历程与使用香水的常识与技巧，还有如何训练自己的嗅觉敏锐度，培养自己的香气地图。最重要的是，如何运用精油美妙与迷人的香气，调制出一款与众不同、绝对成功且是自己最喜欢、不会和别人撞香、可以展现个人独特魅力的精油香水。

Chapter 1 香水修炼之路

Chapter 2 香氛魔法 DIY

Part 2 香氛精油篇

本篇芳疗师们将会集他们 20 年来的调香经验，把各种精油以香气的特质分门别类，如性感浪漫花香系、灵活多变草香系、阳光快乐果香系、坚定稳重木叶香系、圆融饱和树脂香系、温暖厚实香料种子香系六大类。作者以流畅洗练的文笔，精确又具体的描述每一种精油的香气与感觉，让你跟着文字的流动与韵律，慢慢从中体会感受每种植物带来的芳香与功效，不由自主地进入精油调香的美妙境界。

Chapter 3 性感浪漫花香系

Chapter 4 灵活多变草香系

Chapter 5 阳光快乐果香系

Chapter 6 坚定稳重木叶香系

Chapter 7 圆融饱和树脂香系

Chapter 8 温暖厚实香料种子香系

Part 3 调香配方与范例

本篇除了破解市面上商业香水的机密外，也将公布完整的调香公式，并介绍调香的十大经典法则，还有近百种经典精油香水的配方与范例。最后还附有独家设计“调香流程图”“精油调香速简图”与“40 种精油速记表”，让你一路玩香到底，轻松变身精油香水大师！

Chapter 9 调香经典法则

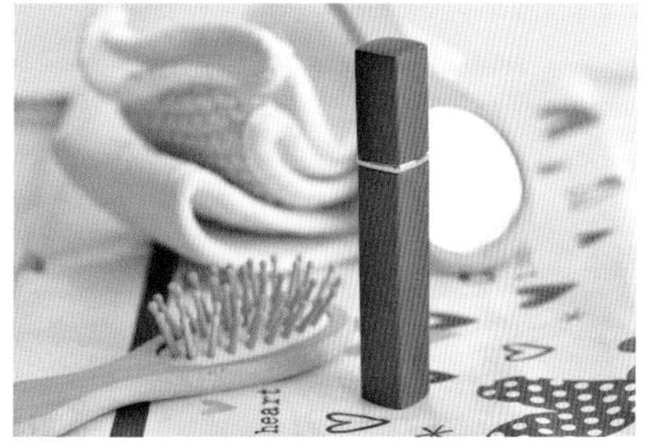

121 款独家调香配方

贴 心 小 叮 咛

1. 同样是薰衣草精油，全世界有超过二十个产地、四十种品种、上千家品牌的薰衣草精油，其气味都不尽相同，使用体验可能会有一定差异。
2. 精油使用有其安全操作要领，如有必要，我们会在讲述调配时做说明。本书中所提的精油使用及其配方，均可在调和成品之后喷洒于衣服、身体肌肤，作为沐浴或其他用途。
3. 针对少数过敏体质的朋友，请务必先实验你是否会对相关成分过敏，请先将相关成分少量接触身体手臂内侧皮肤，至少10分钟以上观察有无过敏现象，再决定是否使用。

How to use this book ?

如何使用本书

设计概念
说明
1

1

每种植物清晰漂亮的照片，让你一眼就记住植物本尊。

每种植物的英文名与拉丁学名。

每种植物赏心悦目的手绘图，加深你的视觉印象。

依兰

每种植物的通俗名称。

华丽芳香的定香

每种植物精油的定位，让你一眼就能掌握此种精油的特色。

†

中文名称
依兰
英文名称
Ylang Ylang
拉丁学名
Cananga odorata

重点字	浪漫
魔法元素	水
触发能量	交际力
科别	番荔枝科
气味描述	甜美热情的花香
香味类别	浓香／媚香
萃取方式	蒸馏
萃取部位	花
主要成分	β–荜澄茄油烯（β–Cubebene）、香柑油烯（α–Bergamotene）
香调	前—中—后味
功效关键字	浪漫／女性／热情／异性缘／活力／丰满
刺激度	中度刺激性
保存期限	至少保存两年
注意事项	怀孕期间宜小心使用

每种植物精油的基本资料。除了标示出芳疗师该知道的科别、萃取方式、萃取部位与主要化学成分外，还特地标示出调香时会用到的气味描述、香味类别与香调，让你快速掌握调香重点。

只要是想调成花香调的香水，用于定香的后味用依兰就对了。

依兰又称为“香水树”，可以说是芳疗精油中最典型的“香水”香味，不同的是，因为提炼层次的不同，依兰从特级、一级到二级品质，呈现出来的香味也不一样。唯有特级依兰才能有饱和而丰富的香气，如果到了二级，或是用其他劣质品种来混充的依兰精油，可能会给你一种“廉价肥皂味”，感受就差很多了。

依兰的香味是那么的直接，在我主持过多场芳疗讲座中，每一次在传递闻过各种精油试香纸后，试闻依兰精油时，总会出现“戏剧性”的效果：有些人猛一闻，会发现它的香度超强，而被吓一跳；有的则非常喜欢它的香度；有的则会因为香度太强表示不

87

每种植物精油的内容介绍，包括特色、香味描绘与如何应用。

设计概念
说明
2

4 每种植物精油作为香水配方的各种使用时机。

1 每种植物精油相关的配图，让画面的呈现更丰富，阅读起来更兴致盎然。

↑在东南亚的习俗中，新婚洞房的床上必定洒满依兰的花瓣，用依兰泡澡也是贵族公主们保持迷人的秘密武器。

2 每张配图照片的说明文字。

能接受……他们不知道的是，光是传递依兰的试香纸，就足以让演讲大厅的空间中飘荡着淡雅的香味。而如果请大家来试做一瓶精油香水，绝大多数的人还是会挑选依兰作为香味的一部分。

依兰的香味是非常饱和的甜香与花香，香气隐约有发酵后的味道，这是所有具有“挑情”性质香水的特征，给人一种奢靡感。而强劲的香味很容易主宰香水配方成为著名的中后味，拿来作为花香、果香类香水的定香剂是个不会出错的选择。

依兰作为调情与浪漫的象征有其来源，在东南亚的习俗中，新婚洞房的床上必定洒满依兰的花瓣，用依兰泡澡也是贵族公主们保持迷人的秘密武器。

依兰精油作为香水配方的使用时机

† 充分展现女性妩媚，表达性感的首选。
† 依兰也有异国情调与东方美的暗示，同时也有热情的氛围，如果你想来一段异国恋或成为聚会的焦点，依兰肯定能让你达成心愿。
† 依兰香味与茉莉为同系统，所以可以互相搭配使用，但建议整款配方中要有木香作为陪衬，后味也不宜过于香甜，可以用些土木香如广藿香、岩兰草之类的精油收尾，以免太过夸浮，引人侧目。
† 要注意依兰香太浓烈容易使人发晕，所以除非你就是要高调，不然依兰可作为搭配性的香味。当然如果是你的新婚之夜，你就是主角，那就高调吧！

依兰主题精油香水配方

配方	A	依兰精油2毫升 + 香水酒精5毫升

3 每种植物精油的简介与精油瓶外观。

依兰精油 | 香味是非常饱和的甜香与花香，香气隐约有发酵后的味道，这是所有具有“挑情”性质香水的特征，给人一种奢靡感。

5 每种植物精油的主题香水配方介绍，作者将一步一步教你如何设计出适合这种精油的香水。

先用这样的比例来纯粹地感受一下依兰野性不受拘束的性感香味吧！号称香水树的依兰，香系与黄玉兰、玉兰花……都是同样的浓香系列，光是鲜花本身就有足够的香味，何况是精油？比较保守的人可能初闻会有点惊讶，怎么这么浓艳？不过当香味散发出来后，自然会有种百花盛开花香扑鼻的喜悦。

当然我们也要修正一下，更多些气质，在配方B中建议你这样处理：

配方 B	配方A＋广藿香精油1毫升＋岩兰草精油1毫升＋香水酒精1毫升

广藿香和岩兰草，就像两位严谨的修女一左一右地把依兰这个淘气公主管得服服帖帖，所以还是保留依兰浓艳的前味，但是中后味就能收敛并搭配沉静气质，让香味耐闻许多。

配方第9号

爱上依兰

依兰精油2毫升＋广藿香精油1毫升＋岩兰草精油1毫升＋香水酒精6毫升

在使用过后如想调整香味，这款配方的推荐补充如下：

✣ 补充乳香精油，也是很好的后味选择。
✣ 补充肉桂精油，会让香味温暖度更深层。
✣ 补充甜橙精油，会让香味更年轻更有活力。
✣ 补充杜松莓精油，增加中性的缓冲，以及不愠不火的中味。
✣ 补充丁香精油，这是另一种提供深度的配方。
✣ 补充冷杉或松针精油，稍稍中和太突出的花香而中性与感性一点。
✣ 补充薰衣草精油，百搭且让香味更耐闻。
✣ 补充黑胡椒精油，这会让香味更有成熟韵味。
✣ 补充茉莉精油，更妩媚动人。

6 每种植物精油香水的推荐补充配方。

以依兰为配方的知名香水

ISSEY MIYAKE
三宅一生——气息女性淡香水

香调——清绿花香调
前味——茉莉
中味——白松香、牡丹、依兰、玫瑰、风信子、蜜桃
后味——青苔、琥珀、广藿香

7 市面上以这种精油为配方的知名香水品牌。

↑依兰又称为“香水树”，可以说是芳疗精油中最典型的“香水”香味。

8 调香师根据每一种精油的特色，精心设计的专属配方。

序言

我的品位我坚持

如同往常一样，周末下午，我照例在星巴克的熟悉座位上，等着我刚点的特调，一边翻翻刚买的一堆杂志。

怎么还没叫到我的号呢？我正在纳闷着。

“你的咖啡。”身后忽然传来亲切的问候。

我有点吃惊，星巴克不都是在柜台叫号自己去拿的吗？什么时候会自己送过来啊！呵呵，服务升级啰！

年轻的服务员熟练地在桌上放下了咖啡，有点尴尬地站在那里。

“不会是要给小费吧……”我看着他不安的表情，一时弄不清楚他在等什么。

“对不起，我不是故意要打听什么……”

嘿，来这家店快半年啰，虽然面孔都熟了，可这还是第一次他主动和我说话。

“但是我有个问题，不知道能不能向你请教？”

看着他年轻的面孔挣扎着才吐出这些话，我不禁有些好笑。

“说吧，没关系的！”

“我能不能请教你，你用的是什么香水啊？好特别喔，我从来都没闻过。”

“喔，呵呵，你是问这个啊？外面买不到的喔！”

“你千万不要误会，我没别的意思，因为我女朋友生日快到了，我想送她个特别的礼物，我真的觉得你的香水非常特别，难道这是去国外买的吗？”

“呵呵，你也别误会我的意思，我说买不到，是因为这是我自己调的。”

“啊……”他有些错愕与吃惊，呵呵，这是当然。我露出胜利者的微笑。

“这样吧！只要你答应，以后帮我送咖啡过来不用叫号，我就调一瓶送你，让你去和你女朋友邀功去！”

“真的吗？那还有什么问题，就算你不送我我也可以帮你送过来，不过因为买不到，我又真的非常想送她个与众不同的东西，那就先谢谢啰！”

他欣喜地离开，我也得意地吐吐舌头。老实说，他不是第一个问我“身上有股独特香味”的异性了，说我自恋吧！不管问的人年龄老少，认识还是不认识，看着他们被香味勾引得按捺不安，欲言又止的神情，往往让我有些好笑与得意，当然得意的不只如此，毕竟，这是我调出来的香水，其中表达的信息也包含了我的品位，虽然我没有艺术裁缝天分设计出我专属的服饰，我总可以设计出能代表我的香水吧！

Part 1 —— 基础篇

据古籍记载，最早与香气有关的记录源自埃及。远在公元前一世纪，埃及艳后就懂得利用植物精油保养身体，让恺撒大帝与安东尼臣服在她的石榴裙下。不只如此，希腊、罗马甚至中国，都在很久以前，就知道如何运用植物的香气调香、杀菌、防腐、抗病毒与保养身体，可见精油调香与芳疗由来已久。

本篇将概述精油调香的历史与典故、调香师们的香水修炼历程与使用香水的常识与技巧，还有如何训练自己的嗅觉敏锐度、培养自己的香气地图。最重要的是，如何运用精油美妙与迷人的香气，调制出一款与众不同、绝对成功且是自己最喜欢、不会和别人撞香、可以展现个人独特魅力的精油香水。

Chapter1

香水修炼之路

精油香水回归初心

玩精油久了，开始玩精油香水是很自然的事。

顺手翻翻精油相关的书籍，都会告诉你，早期的精油，在芳疗史上的发展与香水史几乎是一样的重要。

香水的成分，不就是精油吗？

但现在的香水，采用纯天然精油的变得极少了。

为什么呢？

因为精油毕竟是天然的，每年产出的精油成分不见得一模一样，因此调出来的香味也会稍有变化，同时精油是纯植物自然产生的东西，就算调好的香水，香气还是会有变化，这种变化，都不是大牌香水乐见的，毕竟商业化的东西，要求的是稳定而不是变化。

精油是纯天然的植物成分，容易挥发，香味留存时间短，必须要用化学合成的定香剂，才能超越自然法则，有更长的留香时间。所以现在的香水调香师，都是以参考植物精油香气为基础合成精准的香精原料，然后在实验室中调配出专属的配方，配方属于香水公司的最高机密，也不可以被抄袭、仿造，如此才能源源不绝地创造出独家的品牌香水。

商业香水的配方，对外公布的是这样：

· 前味：玫瑰、香蜂草、绿茶

· 中味：香檀木、铃兰、香根草、百合

· 后味：依兰、紫罗兰、风铃花、香水百合

但其实内部的配方是这样：

香水原料编号第17号，香水原料编号第81号，香水原料编号第203号，玫瑰香精第8号，檀木香精第3号……

这没什么不好，只是太过商业性的东西，往往失去了本质，一瓶所谓的茉莉香水，也许能给你仿佛茉莉的香气，但是永远比不上一捧真正的茉莉鲜花放在面前那种幽雅迷人与新鲜，还有就是，失去了那种“变化”，那才是荡气回肠又令人思念不绝的香气。

唯有自行用精油调配香水，你才能避开这些。

厌倦了香水只挑选好看的瓶子，只在乎是不是名牌，只知道“香香的”……

其实香水是可以自己调的，不但可以调些自己喜欢的味道，或是想表达的信息，或是配合场所、事件、心情、对象、环境……用香水可以有理由有原因，那么唯有自行DIY调香才能百分之百的享有个性。

用精油调香水，其实就是回归初心，回归自然，回归香氛的纯真。

香水传奇

香水伴随着人类文明发展，也有着不同

的阶段故事，这些故事，可以让你作为个人品位与兴趣，细细咀嚼、娓娓道来，也可以增加你的文化底蕴与创作灵感，创造出更具特色的香水配方。

香水在古文明社会的地位

古代欧洲最辉煌奢华的文明，当属罗马帝国时代，所谓“辉煌奢华”，让我形容一下：罗马帝国是打出来的江山，因此健壮男人的体魄，或是美貌多姿的佳人，都是众人瞩目的焦点。罗马贵族最常见的嗜好就是：洗澡。洗澡完最重要的当然是按摩与用油，从用油的等级就可以看出贵族出身的差距。条件好一点的贵族就能有更珍稀的从远方运来的香料，而地位更高也更有钱的家族则有专用的调香师设计出与众不同的特调香味，专供家族成员使用。如此，相信你眼中必定能浮现出如此的景象：在澡堂中，那些将军元老们，一边高谈阔论，一边享受仆人的服务，各家暗中较劲的则是自己专门重金搜集而来的独特香水配方，有钱的一方之霸，不但沐浴时将整把整把的玫瑰、茉莉、百合……洒在池中，他所拥有的按摩香油香味，则是独家调配。

↑香水是古罗马人炫富的手段，拥有独家特调的香料，就和现在拥有限量版的跑车一样让人又忌妒又羡慕。

香水是古罗马人炫富的手段，拥有独家特调的香料，就和现在拥有限量版的跑车一样让人又忌妒又羡慕，古罗马贵族还发明一招很酷的炫富手法：在鸽子身上喷上香水，在宴会场合中释放，鸽子拍翅时，香气随之弥漫在空气中，你说古罗马人懂不懂香气氛围？

难怪传说当耶稣诞生时，东方三博士前往马厩参拜时，所献上的礼物是“乳香、没药、黄金”。在当时，乳香与没药这两种精油原料的价值与黄金等值，且气质非凡，更具意义！

香水工艺的重大突破是阿拉伯人发明的蒸馏提炼法，更精准地保留了香料的精华。十字军东征又把这个发明带回欧洲，让整个欧洲宫廷仕女为之疯狂。公元1533年，教皇的侄女凯瑟琳下嫁法国国王亨利二世，带来了华丽的意大利文化和生活方式，从而成为法国香水文化的创始者。她的专职调香师在巴黎开了第一家香水公司（这家香水店的遗址还可在巴黎找到）。

臭国王与香国王

在法国历史上，亨利四世对香水毫不热衷，百姓私底下都讥笑他是“臭国王”。路易十三也是个“臭国王”，他的王后对他的臭味忍无可忍，但她直到临死前才告诉她的侍女，于是侍女们向她保证在她死后，一定用干净的亚麻布、香水和她收集的340双有香味的手套来给她陪葬。

路易十四一点都不像他的祖辈，他对于臭味极其敏感，他命令宫廷调香师必须每天调制出一种他所喜欢的香水，否则就有上断头台的危险。所以后世对他有“香国王”之美誉。路易十四时的法国，国力为欧洲之盛，路易十四的一举一动也影响了欧洲各国皇室贵族争相仿效，因此法国开始成为引领香水潮流的先驱。到了路易十六，更是动用倾国之力将意大利的调香师高手挖角过来，从此奠定法国香水工业的基础。

↑据说法国国王路易十四对臭味极其敏感，曾命令宫廷调香师必须每天调制出一种他喜欢的香水，否则就有上断头台的危险，所以有“香国王”之美誉。

↑现在的调香师，都是以参考植物精油香气为基础合成精准的香精原料，然后在实验室中调配出专属的香水配方。

↑法国香水工业在拿破仑时期由于其鼎力支持而盛况空前。

在拿破仑众多八卦故事中，最耐人寻味的是他写给未婚妻约瑟芬的情书，信上说："我快打完仗回来了，千万不要洗澡！"可见拿破仑是个多么重视"气味"的人。

也许他以为约瑟芬天生体香，其实约瑟芬不知道用了多少香水。

法国的香水工业在拿破仑时期由于其鼎力支持而盛况空前，他鼓励当时的科学家投入对有机化学的研究，从而使法国的香水工业产生了革命性的变化并开始引领世界的潮流。

法国香水之都——格拉斯

法国凯瑟琳女王从意大利引入穿戴手套的时尚，使得当时的欧洲上流社会，流行将皮手套用薰衣草、迷迭香及各种香草精油处理过穿戴，不但芬芳迷人，还意外地发现更能免于流行疾病，于是格拉斯这个法国的小镇，本来是以皮革业为主的，却意外而稳当地成为法国乃至于世界的香水之都。

这个典故，在当事奇书——《香水》中，就是重要的故事发展主轴。主角格雷诺耶一开始的工作就是做皮革清洁与运送的小工，又因为运送皮革到一位调香师的店里，

↑法国小镇格拉斯本以皮革业为主，后来却意外成为法国乃至于世界的香水之都。

才开始了香水之路。

每年到了花开时节，全世界的调香师都会从各地蜂拥而至，以发掘出新的香味。格拉斯所出产的精油包括：最高级的茉莉花、玫瑰、水仙及薰衣草。

香水是怎么引领时尚的?

当近代流行趋势开始更加的讲究时，早有流行趋势专家发出“一个穿着讲究的女人应该也是个气息出众的女性!”的观点，慢慢地所有的知名品牌都会开发设计出该品牌专属而独特的品牌代表性香水，而诸如YSL、Dior、Givenchy这些品牌开发出具有代表性且深受欢迎的香水后，香水在大众心目中的地位已经注定。

香奈儿五号香水是目前知名度最大、销售量最高、畅销多年而历久不衰的经典香水之一，也许这与其独一无二的故事有着密切的关联：当时记者正采访一代性感偶像玛丽莲·梦露：“请问你有什么特别的睡觉养生秘诀?”她嫣然一笑，妩媚地回答：“我喜欢裸睡，什么也不穿……只穿了点香奈儿五号。”可以说这经典的文辞非常优美地展现了适度的性感。

是的，美丽的女人会把香水当作最贴身的“衣服”。

私人专属调香师

为了凸显个人气质与风采，专属调香师本来就是名流仕女引以为傲的身份象征，就连现今欧美时尚宠儿，如珍妮佛·洛佩兹、席琳·狄翁、凯特·莫斯、哈利·贝瑞等都有自己专属的香水。据说，珍妮佛·洛佩兹的订制香味是一种婴儿奶香，而玛丽亚·凯莉的专属香水，打开瓶盖扑面而来的就是意大利卡布里岛的气息。你如有机会一游香水之都格拉斯，可以花约40欧元现场由调香师为你定做一瓶专属香水。

私人香水作为个性化的存在，开始崭露头角。

←为了凸显个人气质与风采，专属调香师本来就是名流仕女引以为傲的身份象征，而美丽的女人一定会把香水当作最贴身的“衣服”。

香味与臭味都是主观

长期以来我们都认为，香味就是好的，臭味就是不好的。

这是一种主观，而且不正确。

英国人最讨厌的美国人最喜欢

曾有以英国人为对象的问卷调查发现，冬青木的香味是英国人最不喜欢的，但是类似的研究却发现，美国人非常喜欢这种凉凉甜甜的香味。

为什么同一种香味，有类似的文化背景的英国人和美国人却有极大的差别呢？深入研究后发现，应该是冬青木精油普遍用于许多英国常见的药方中，因为冬青木是常用的缓解跌打损伤与止痛药的成分，而美国人则把冬青木那种甜甜凉凉的香味当作口香糖的香味，所以同样的味道，有人觉得好闻有人不喜欢闻，其实很正常，这是因为香味的喜恶和经历有关。

最顶级的咖啡来自猫屎

另外，有些绝妙的香味其实是来自臭味。例如咖啡界的极品麝香咖啡，是麝香猫吃入咖啡豆并且排出粪便，再从粪便中捡回咖啡豆，加以处理，成就最顶级的咖啡香，“最香的”来自“最臭的”。

香的东西不一定就是好的。例如普遍用于化学合成香水的主成分定香剂，有很多种的定香剂含有致癌物质，并且广为香水界使用，包含很多大牌香水。

所以自己调配精油香水的第一个认识就是，不要陷入香与臭的主观，对精油的香味也不要有先入为主的定义，尽量让你能使用的精油范围宽广，才能有最多变的精油香水配方。

为什么有人觉得薄荷很催眠?

连最明显的香味与臭味的差别都这么不明显了，更别提这么多种的精油，每一种都是完全不同的成分，会带给不同的人不同的理解。

有些人对于气味的认知太贫乏，例如从没闻过薰衣草的人，第一次闻到薰衣草，你要他形容这是什么气味，他可能会说“樟脑味”，因为他只闻过樟脑味，因此在印象中，薰衣草就和樟脑味“差不多”。

大多数人都知道薄荷可以提神，但是有些人闻到薄荷香味会想睡觉，这又是为什么？也许薄荷在他过去的经历中曾参与一段美好的故事，所以闻到薄荷香味让他觉得很放松，因此昏昏欲睡，这也是很正常的。同理，有人就是觉得薰衣草香味很刺鼻，反而提神，也是有可能的。更别提每一种精油都是全世界某个产地的特定植物提炼，几十种精油代表几十种完全不同的香味。

↑同样的味道，有人觉得好闻有人不喜欢闻，其实很正常，这是因为香味的喜恶和个人经历有关。

培养自己的香气地图

想要当一个称职的调香师，对气味的敏感度是绝对需要的，有些人天生就对气味敏感，有些人则比较迟钝，区分不出香气差异，当然，你必须是前者，或者必须训练成为前者。

很多人在闻精油的气味时，通常都是直接打开瓶盖，鼻子凑过去用力吸气，或是保持一点距离，慢慢呼吸，也有的会闻闻瓶盖，老实说这些方法都不算能正确的了解精油真正的气味。因为这都是原始的高浓度精油味道，甚至是精油和塑料瓶盖融合过的味道，并不是作为扩香释放出来的味道。

没有成见的闻香

如果你本身已经有些芳疗精油的知识与概念，或是手边有现成的精油，并充分了解这些精油的气味，那是最好，或者你有很好的扩香工具，如扩香仪、水氧机、香熏机、扩香石，那也是不错，这些都能让你通过自然扩散的方法，了解当精油在空间挥发时是怎样的味道。

就算是一张卫生纸也可以是很好的闻香工具。把精油滴在卫生纸上，每隔一段时间闻一下，就可以正确了解这种精油真实的香味与层次。

有了对精油香味的基本认识后，就可以开始动手开发出自己的一套香气地图。

记住，精油是“活的”，香气也是“活的”，对于“活的”东西，你必须保持一个心态：不能有成见。

什么意思呢？

所谓“成见”，比如说：“我非常喜欢柠檬，我很讨厌迷迭香。”这是一种成见。

“我觉得薰衣草就是草味，还有樟脑味。”这也是一种成见。

“我觉得快乐鼠尾草很像是迷迭香，但是没有迷迭香好闻！”这还是一种成见。

这些都是没有“尊重”天然植物精油，缺乏想象力的结果，这样你永远配不好精油香水。

这样你还是属于光看瓶子漂亮就买香水的人。

香水地图指的是你的香气品位，你对每一种精油，从某一个特殊产地，经过特定方法提炼而得，每一滴精油，必须从数十倍体积的香草植物提炼的事实有足够的尊重，你才能玩好精油香水。

尊重原生植物与产地

我曾与一个香草种植农聊天，他在抱怨因为干旱的关系，今年的收成不好。

“那你今年收成减产了，减了多少呢?”

“往年这片薰衣草田可以收成两千克的，今年估计不超过一千克。”

“你说这片田，是指眼前这一片吗?”

“是啊……”他无奈地用手比了一下。

老实说我对田地的面积计算没什么概念，但是望着眼前这一片亮眼的紫色薰衣草田，再想想这样的一片土地与植物，也只能炼出一千克的薰衣草精油，我感到一种知福惜福的珍贵与对精油的尊敬。

你必须也要有这种感受，在调配与使用精油的时候，你才会有一种与自然接轨的亲切感，也才能知道，你手中正在调配的精油该是多么神奇的自然礼赞。

另一个必须建立的“感觉”，就是你必须要充分地理解精油是个多么神奇的东西，它代表的是一地精髓、一方气味。

我望着我手上这瓶精油香水，里面有来自北美的冷杉，来自巴西雨林的花梨木，来自西班牙的迷迭香，与来自菲律宾的依兰香水树。

在正常情况下，这些植物已经代表了地球各大洲的当地资源，当地气息，当地气味，它们是不会自动调和在一起的。

但是我现在借助了精油萃取技术，得到了植物的精华，加上我的智慧与创意，于是成就了手上这一瓶精油香水，其实我是得到了整个大地的精华。

有了这种感恩与惜福的心境，在调配精油的过程中，你会更有心境与灵感，万物为我所取，任我挥洒。

想要开始绘制你的香气地图了吗？

↑香的东西不一定就是好的，如普遍用化学合成香水的主成分定香剂，有非常多种的定香剂含有致癌物质，并且广为香水界使用。

香气修炼如何开始?

首先你当然必须要拥有一些精油，就算是相同的精油品种，年份不同，产地不同，品牌不同，都可能会有不同的气味，所以在选购时要特别注意识别。

最好有一定的芳香疗法专业知识，但如果原来并没有芳疗的认知，并不妨碍你对精油调香的学习，但既然手边该有的材料都有了，多会一些能改善身心的配方不是很好吗？同时也会有助于你对精油的基本认识。

专心接触每一种精油

接着要花功夫把每种精油的气味在你的脑海中定位，也就是你的精油香气地图。

方法其实很简单也很有乐趣，首先你

↑即使是一大片美丽亮眼的紫色薰衣草田，可以炼出的薰衣草精油其实也不多。

准备一个约100毫升的杯子，杯口宜宽，一般的咖啡杯或茶杯就可以了（红酒或白兰地杯更是适合，因其本身设计就有闻香的目的），然后滴入5~10滴你想要熟悉的精油，滴入后用手稍微温热杯子，并在杯口慢慢地吸嗅气味，记住，当精油香气扩散出来，首先呈现的就是所谓的前味，等慢慢熟悉这种气味后，你可以把杯子放开，然后尽可能每隔约十分钟再闻一次，在前半小时内的气味属于中味，等到你对中味熟悉后，每隔一小时左右再闻一次，超过一小时的气味就属于后味了。

尽可能每一次的吸嗅都做笔记，记下你对当时闻到的气味有何感觉，对于新手来说，你可能根本不知道该如何写，最常见的感想就是：

薰衣草精油是什香味啊？当然就是薰衣草的香味。

如果这完全说中了你的心思，给你个小提示：可以用名词或形容词来表达，我以薰衣草精油为例：

- 明显的草香味，有点像加了糖的凉茶，但有点刺刺的。
- 草香味还是有，甜味似乎变淡了。
- 感觉涩涩的草香。
- 草香变淡，甜味变成类似花蜜的味道。
- 甜香变成明显的花香。

这个过程可以很细腻但是要很专心，同一时间你可以准备2～3种精油气味吸嗅，同时比较，你会发现，精油的气味超乎你的想象，隔天甚至有的精油可以持续一周以上都还能不断有气味的变化，这时你可以理解为什么精油香气是“活的”。

每一种精油几乎都有前、中、后味的变化，只是有的前味明显，有的后味持久，一般像草类果类精油通常前、中味明显，但是后味几乎就消失了，而像树脂类精油，你也许会怀疑它到底有没有前味，但是你会对它的后味惊为天人。

↑每一种精油几乎都有前中后味的变化，只是有的前味明显，有的后味持久。

如果你开始对某种精油进行闻香大约

↑即使是相同的精油品种，年份不同，产地不同，品牌不同，都可能会有不同的气味，所以在选购时要特别注意。

半小时，可以准备另外一个杯子，滴入同样的精油。你绝对会发现，刚滴的精油香味，和已经挥发半小时后的同样的精油，香味也有差别！这又是精油香味多变的另一个有趣实验。

每一种精油的香气修炼，按照以上的步骤，一次至少要做三天，如果可能，每个月都做一次，我在刚开始练习的时候，用苦橙叶当作对象开始我的精油香气地图，因为我深深地被苦橙叶吸引，想多了解一下。

令我讶异的是，原本我以为我很熟悉的苦橙叶气味，在这种修炼下几乎有了全新的定义。这种感觉一开始并没有，我只是拿几滴出来慢慢闻香，闻香杯在三天内的变化已经给我相当独特的经验，一个月后我再重复一次同样的过程，这时我突然发现第二次闻香时的感触与直觉反应似乎与第一次不太一样，仿佛我更深地认识了苦橙叶；等到我再过一段时间对苦橙叶再做一次闻香杯时，我仿佛接触了它的灵魂，深深地感受到了苦橙叶那种细致仿佛用精致刀具雕刻出的香气，于是我在瑜伽的吐纳与冥想过程中，配合我的闻香杯来实施，那次给我的感受是空前的，我能够相当程度的与苦橙叶的气味结合，并借由它在冥想中达到更完美的境地。

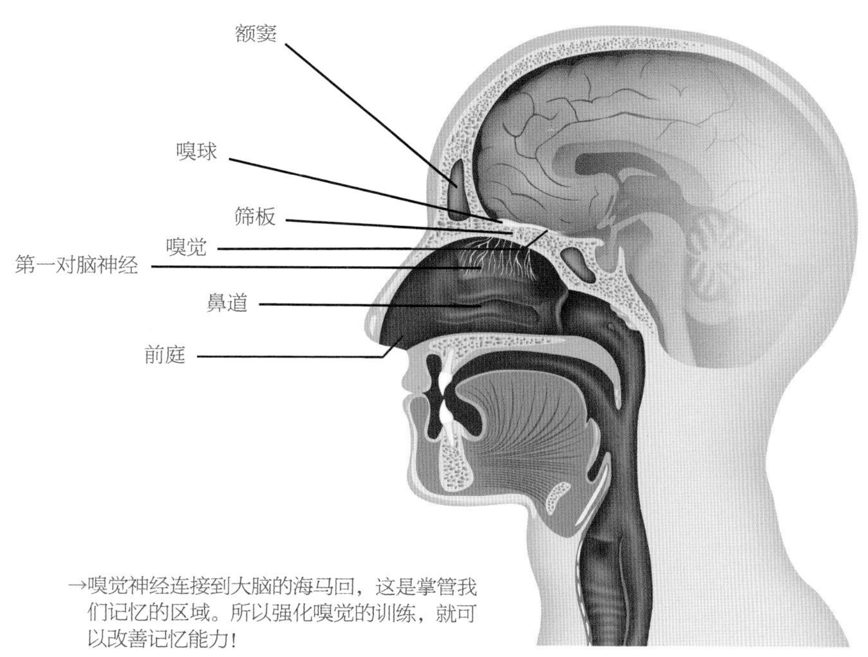

→嗅觉神经连接到大脑的海马回，这是掌管我们记忆的区域。所以强化嗅觉的训练，就可以改善记忆能力！

直到这一刻，我才敢说，我真正地理解了苦橙叶的气味，并刻在我的大脑潜意识与记忆层的深处，深刻到，在某些事件呈现在我面前时，我几乎能联想到苦橙叶的味道！

其实方法就是这么简单，但是效果与收获却是这么的可观，差别在于，你是否能用心的去体会、感受。

想象气味是一匹野马，它会不断地奔驰，每次你以为你骑上它了，一个转弯它就把你甩下来，但是如果你真的用心去和它互动，终于会在某个时机下，你成功的驯服它、驾驭它。精油香气也是如此，“活的”东西没有唯一的答案，真正的答案或感觉是说不出来的，无法形容的，但是你会知道，你懂了。在你无法清楚地把这种特定精油的气味在你的大脑中定好位之前，你都应该时刻去接触它，也可以和几个好友一起来玩这个香气练习的游戏，并彼此交换心得，尝试不断的沟通、交流与描述，形容你所闻到的气味。

嗅觉神经连接大脑的海马回，这是掌管我们记忆的区域。日本曾有研究发现，强化嗅觉的训练，可以改善记忆能力，你就把这个当作调配精油香水的意外收获吧！

嗅觉是人类遗忘许久的原始本能，唯有经过不断的磨炼，沟通，形容，才能重新搭起嗅觉与大脑认知的联系，你也才能达到闻香、识香的境界。

常见的香气学习过程

最常见的香气学习与认知过程，往往是这样开始的：

当你闻到一种陌生的气味，首先你只会从你已知的气味中去对应。你会说：“这个味道，好像‘妈妈的香水味’‘樟脑丸的味道’‘中药味’‘原木家具的味道’……”

这些都是你生活经验中最有印象的气味，但是因为你的大脑对气味实在太陌生了，所以其实你的这些形容，和实际的气味差别非常大，每个人的说法也会有相当大的出入。

当更熟悉之后，你会加一些补充词语，例如“带有一点酸味”“好像有股清香”“刺刺的味道”，这时你的大脑开始尝试建立沟通的渠道了。

等到你能有更深刻的印象与体会，你会用一段文章、一首诗、一首歌来形容，甚至你可以翱翔于香气带来的想象空间，闭上眼睛你会看到颜色，甚至会浮现原生植物的影像，这时多搜集一些这种精油的香草植物原始资料，能有助于你的冥想。

香气地图的主观定义

以上这些都是协助你理解香味的方式，因为香味本来就是我们最难用语言或文字表达出来的。在你没有任何基础时，要你形容什么是“薰衣草”的香味，你可能只能回答说：“就是薰衣草那种香味啊！”

如果你接触了十种以上的精油之后，你就会开始沮丧了，因为没有清楚的香味定义，每种精油你只能说“香香的”，再也找不到其他的辅助形容了，那又如何能掌握并驾驭这些香味，成为精油香水高手呢？我们总结以上的几个切入点，归纳如下。

首先你必须定义出香系，在接触每一种精油时，尝试描述它们到底是“哪种香”？

以薰衣草为例比较成熟的描述法是：

前味有些微草的清香或是刺香，中味持续这种清香，并且转化出甜香味来，后味就是这种甜蜜带着花香的甜香。

从“香香的”到“哪种香”，你缺少的是“描述用的香系”：

- **清香：**通常用来形容草类或是轻一点的花类的香味，例如迷迭香。
- **幽香：**用来形容会转的、柔性的香味，例如香蜂草。
- **浓香：**用来形容厚重的、丰富的香味，例如依兰、安息香。
- **辛香：**用来形容香料类的、辛辣的香味，例如姜、肉桂。
- **暖香：**用来形容闻了会有暖意的香味，例如黑胡椒、天竺葵。

↑想象是一种训练的过程，当你可以翱翔于香气带来的想象空间，闭上眼睛时你会看到颜色，甚至会浮现原生植物的影像。

✣ **苦香：**用来形容草药类或是香料类的香味，通常可以中和太腻的甜香，例如丁香、茴香。

✣ **涩香：**用来形容怪怪的药味、草味，一种不满足的香味，这种香味会吸纳别的香味，变成很特别的香味，例如罗勒。

✣ **酸香：**果类都会有些酸香味，会给人活力感，例如甜橙、柠檬。

✣ **醇香：**一种发酵的偏熟的香味，例如没药、茉莉。

✣ **药香：**草药类或是香料类植物都会给人药香感或是土木香系的感觉，例如广藿香、岩兰草。

✣ **甜香：**这是大众比较熟悉的也就是甜味，例如安息香、洋甘菊，冬青木也有一些。

✣ **蜜香：**后味才出现的甜味属于蜜香，这是它与甜香的区隔，例如乳香、薰衣草的后味都属于蜜香。

✣ **鲜香：**通常草类精油的前味都会出现这种鲜活的香味，例如快乐鼠尾草。

✣ **刺香：**香味略感刺鼻、冲、强烈，具有穿透力，通常都是草类精油，例如柠檬香茅。

✣ **凉香：**最标准的凉香就是薄荷，但是像尤加利和冬青木、桦木也有点凉香。

以上列举常见的香系名词，在你闻到新的精油时，一边闻一边扫视这些香系的名词，觉得符合的就记录下来，可以协助你快速的分类并定义你闻到的精油香味。

你必须知道的香水常识

香水对于大多数人，特别是女性，应该都不陌生，也几乎都有使用经验，但是极少数人足够深入去了解有关香水的常识，更别提DIY了。

在开始进入精油香水DIY的魔法殿堂前，以下的问答可以让你快速升级，并具备必要的常识，在阅读后面的内容时，才能津津有味。

什么是前味、中味、后味？

几乎每一款香水在标示香味结构时都会以“前味”“中味”“后味”作为基本的区分。

前味就是第一种出现的香味，通常为花草类与果类，果类会最明显，这类的气体分子最小最活泼，所以香味也不持久。对于大脑的神经反应来说，前味就像你“看到”的气味，活泼的前味会让你“看到缤纷色彩”，尖锐的前味会“看到枝枝叶叶”，甜美的前味会“看到糖果”……

中味就是反射气味，大约是闻了一阵后，给大脑的信号。所以就算同一种成分，不同的人会有不同的中味认知。而中味也与记忆有关，也就是你会“认知”它的代表记忆。例如闻到木香会联想到进入森林，闻到草味会联想到草原……

什么是后味？其实就是定香成分，也就是加入气味最持久的精油，一般推荐以树脂类精油为主，例如安息香、檀香、乳香。

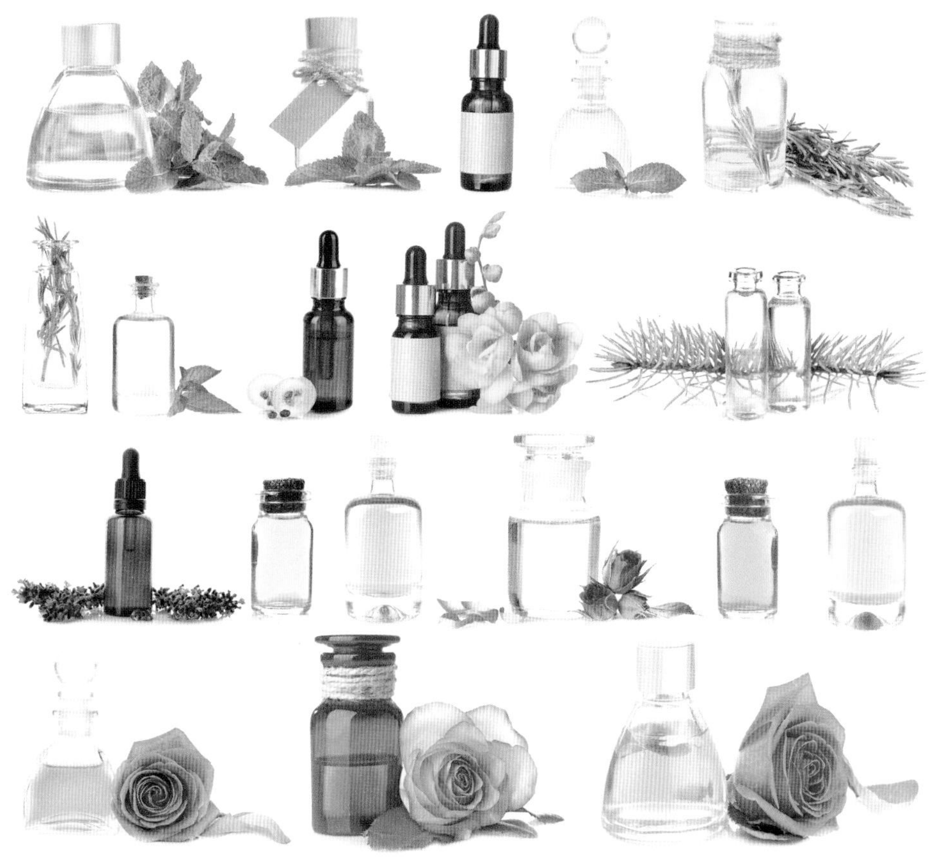

↑学习调香时，你首先必须定义出香系，在接触精油时，尝试描述它们属于哪一种香。

虽然每一种精油都会有它的前、中、后味，但是在香水调配的目的上，就要看你想要表现哪个层次了。例如你可能在A配方中用薰衣草作为前味，但是在B配方中用薰衣草作为中味，但是因为薰衣草的后味极淡，想要用它作为后味就是很吃力的事了。

关于精油的气味在前、中、后味的表现，你必须参考前述的方法，个别精油要花时间去慢慢吸嗅它，了解它，才能在调配时有好的层次表现与掌握。

什么是香精？香水？淡香水？

一般将香水分为以下几类：香精、淡香精、香水、淡香水（古龙水），而如此的分类法，是依据其酒精浓度与香料成分的比例而来。

市售的香水在包装上都会标示它是哪个等级的，例如EDT（Eau de Toilette）是香水的缩写，EDP（Eau de Parfum）是淡香精的缩写。同一种知名的香水也会同时出好几种不同等级的成品。如果你只是想留香时间在一场聚会两三个小时的等级，可以使用香水或以下的等级就可以，要想留香时间在半天或一天以上，那就要用淡香精以上的等级才行。

这个比例公式，是基于化学香精的基础来计算的，如果以植物精油作为香料来源，所有成分的浓度比例至少翻倍，因为植物精油的香味浓度与持久度，本就比化学香精更淡也更短效些。

用什么浓度的酒精最好？

95%酒精（无水酒精）是最好。75%的医用酒精也是可以，但是因为含有水分（另外25%是水分），第一影响香水挥发的效果，第二会让调出来的香水有混浊的可能（水分与某些精油混合造成），所以一般都不建议用75%的酒精。

什么？用酒作为调香基础！

香水中所含的酒精，可以是纯粹提炼的药用酒精或精炼酒精（95%纯度）并与一定比例的水、花水调配而成，也可以直接采用特定的酒类，如伏特加等。

虽然有些调香师非常排斥用酒来调香，但是别忘了，最简单最容易的香水基底，就是酒，因为酒就是天然发酵的酒精加水，与植物精油的互溶性高，气味相近，对人体无

分　类	酒精浓度	香精浓度	差　异
香精（Parfum）	70%～85%	20%～30%	香味浓又持久，价格最贵。
淡香精（Eau de Parfum）	80%以上	12%～20%	香味较香精淡一点，价格也较香精低一些。
香水（Eau de Toilette）	60%～70%	5%～12%	香味较淡，适合平常使用，价格不会很贵，较为大多数人所使用。
淡香水或古龙水（Eau de Cologne）	约50%	2%～5%	香味很淡且不持久，男性较常使用，女性也有但较少。

↑市售酒类如金酒、伏特加与龙舌兰都很适合作为基底用来调制精油香水。

害，还保证是纯天然酿造的植物酒精。

很多市售酒类饮料，是采取商业制造过程做出来的，添加了香料或其他非天然植物成分做成，所以并不适合拿来作为调香基础，唯有传统工艺的酿酒过程，并且没有任何干扰气味的非天然杂质才适合。

另一个难度是：要懂得酒性，在下面的推荐名单中，你会发现，我推荐的调香用酒，也几乎是常见的“鸡尾酒调酒”用酒，因为这类酒对于和其他香料的融合会有其独到的特性与方便，有时烘托、有时凸显香气，所以只要你懂得酒性，自然能懂得用它们来调香。

✣ Gin杜松子酒

Gin杜松子酒也就是金酒，是用杜松子酿造，味道最清澈干净，你可以从著名的“新加坡司令”“马提尼”这些酒都是Gin based，大致掌握Gin的方向。所以Gin走的是“清澈”路线，搭配的以清澈的气味为主，例如你想凸显薰衣草，就只用薰衣草配上Gin，最多加点喜马拉雅雪松作为后味即可。

✣ Vodka伏特加

Vodka伏特加是以谷类为原料，越冰越贴近原味，我自己都是用在冰库里保存一年以上的酒来调，所以收敛但持久，配合木香、脂香系列的都很好。

伏特加能让调出来的香水出现一种独特的气质，虽然极淡，但是伏特加本身也有它的前味与后味，这使得闻香的人一开始会闻到一种说不出来的带有植物香气的酒精味，而在后味时又有一丝丝的甜香。如果你不介意，我非常推荐你拿伏特加作为调香水最优先的基础配方。

购买时，建议以北方国家如加拿大产地的酒为宜，俄罗斯是公认的伏特加最好的产地，市面上也有许多知名的伏特加酒品牌。

✣ Tequila龙舌兰

酿造原料是来自沙漠中的仙人掌，所以口感辣呛，甚至有点割舌，用来搭配果类、花类精油，正可以凸显热情的一面。

使用前建议先在冰箱（最好是冰库中）保存，越冰越贴近原味，能提供收敛但持久的发挥性，让你调入的精油也能维持持久而内敛的气息。

龙舌兰酒本身为黄色，加上它充满热情与冶艳的气味，拿来调配充满个性、诱惑、性感、浪漫的香水最为适合，它可以把精油香气整个激发出来，达到更好的香气逼人的效果。

其实纯露（又称晶露、花水）也是很好的香水基底，特别是淡香水。在使用上，将纯露与酒精基底以一定的比例调匀，可以增

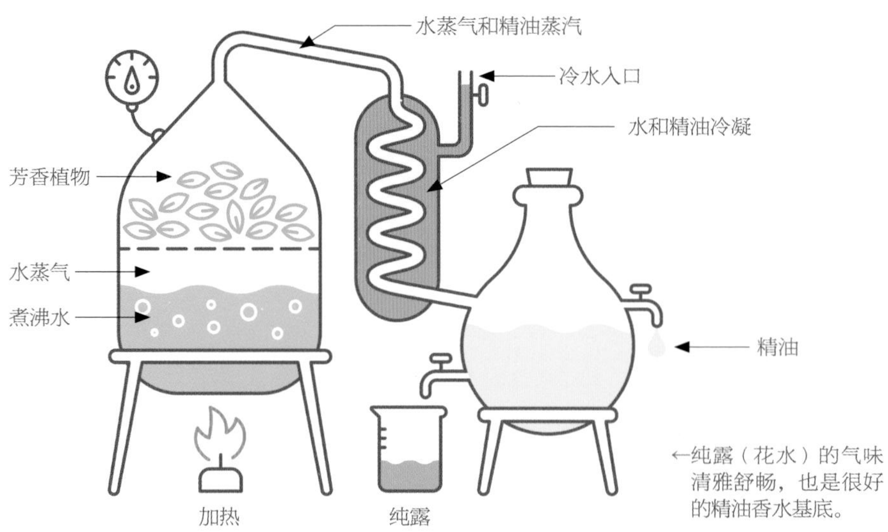

←纯露（花水）的气味清雅舒畅，也是很好的精油香水基底。

加其清爽性，同时也提供一定的气味。纯露的气氛通常都较为清雅舒畅，是相当好的前味来源。

常用的纯露推荐薰衣草纯露、玫瑰纯露。

香水分化学合成和天然植物?

其实现在大部分的香水工业，都喜欢采用化学合成的材料，最主要原因就是化学原料稳定，能更精准地调配出所要表现的气味，化学合成香料可以提供品质一致、一成不变的气味，所以化学调香师不必向顾客解释："喔，对不起，因为今年普罗旺斯旱灾，所以我们的X号香水不像去年那么甜美……"

虽然化学香水的确有其商业价值，但是，在精油调香师的眼中，那只是乏味的人造品。

如果你也是对精油的香味极其挑剔与敏感者，你也可以感受到，化学香水与天然植物精油所调出的香水之间，存在着相当大的差异：

化学气味会引起敏感用户许多过敏现象：你本人，你的朋友，在走入一个"洒满化学香精"的地方，如厕所、电梯……会不会对那种刺鼻的气味感受强烈？出现头晕头痛等不适的现象，就是你的身体在抗议："不要给我这种气味！"

植物精油在包装上也不如化学香精灵活，这使得大牌香水更是犹豫不想用精油。因为精油的颜色是固定的，大部分是各种层次的黄色，而市售的香水，搭配漂亮透明的玻璃瓶身，香水颜色或为金黄，或为绿色、紫色、粉红色……都相当能勾起消费欲望，但是抱歉了，这些都不可能用精油来当作配方，因为颜色太难控制了。

调配得宜的精油香水才能表现出层次：调香时讲究的层次，也就是前味、中味、后味、定香等，是建立在天然植物精油本身就有的丰富微量物质所展现的层次感，才会让其气味错综复杂的调和在一起，并随着时间的变化，灵活的演奏一曲自然的颂歌。

精油香水是"香草植物生命力的再次展现"。唯有如此，才能将最真实的自然能量投射在你的四周。

香水要擦在哪里?

香水到底擦在哪里呢？大部分的人应该都觉得是手腕内侧或耳后，但其实还有很多是你料想不到的地方。

✣ 大众化的擦法——手腕内侧

香水店里可以看到，很多女孩子都是这么试香水的。喷在手腕上的香水会挥发得比较好。再加上手的活动范围比较广泛，除了自己闻到以外别人也都可以闻到。

↑香水到底擦在哪里呢？其实擦在手腕内侧、耳后、颈部或锁骨，甚至喷在头顶上方空气中都可以。

✣ 性感的擦法——耳后、颈部或胸部

喷耳后或颈部的方法最适合长头发的女生，因为喷在耳后头发上也一定会沾染不少的香味，这样一扭头香味就会幽幽地传出来，身边的人就很容易闻到，会感觉相当有女人味。同时耳后、颈部也是女性的敏感带

以及亲密接触时的重要部位，要想再性感一点就喷一些在胸前或内衣上。这两种方法都适合与人有亲密接触的时候用。

✣ 社交礼仪的擦法——锁骨位置的衣物上或大腿内侧

鉴于香水的挥发与体温有很大关系，所以喷在衣物上一是可以保证香水正常挥发，二也可以留香持久。如果是要参加晚宴，喷在衣物上会影响食物的香味，这时就建议喷在大腿内侧（着裙时），这样的喷法会让走路的时候也香风不断。

✣ 自然的擦法——喷在头顶上方空气中

这一方法适用于味道比较浓郁的香水。在换衣服的时候往头顶上方喷几下，当香雾慢慢下落的时候，进行换衣服的动作，这样全身上下就都会有淡淡的香味。

当然，如果心情好不妨在香雾里跳个舞，帮助香味均匀散落在身上。

用香水时请距离20厘米左右喷洒，让香水以喷雾状附着在身上；如果喷的距离太近，香味会因太浓郁而显得刺鼻！

其实，擦香水最有名的说法，来自一位欧洲贵妇，当她在教导一个新加入社交圈的名门仕女时，小姑娘很担心地问："香水该擦在哪里呢？"

"亲爱的，擦在任何你想让男人亲吻的地方。"贵妇如是说。

为什么同样的香水居然有不同的香气？

香味本身存在主观性，加上每个人对香味的感受能力有差别，以及一般人对香味的词汇训练不够，所以对香气的反应就有极大的差异。调配香水的目的，当然是先讨好自己，并尽可能地讨好别人，因此同一种香味对于不同人会有不同的感受，在设计配方时也要尽可能地考虑这个因素。

香味差别的确因人而异

为什么朋友身上散发出的香味这么棒，而同样的香水用在自己身上，却没有类似的香味感受？

首先探讨香味影响嗅觉的原理。

当香味分子碰撞鼻子里的嗅觉感受器时，约在千分之一秒的时间内就可以把信息传送到脑部的海马回，这是负责嗅觉的区域，由它决定这种香味的感受，是愉快还是厌恶。

海马回判断香味的得分时，有很多参考项目，例如过去对这种气味的记忆是好的还是不愉快的，在诸多项目中，皮肤的结构也扮演了决定性的角色。

每个人的皮肤都不一样，皮肤有完全属于自己的独特气味。因此，虽然很棒的新香水喷在朋友身上，散发出芳香迷人的香味，但是当同样的香水喷在自己的皮肤上时，却引起嗅神经不好的感觉，或者只感到单调乏味。

香气会因人而异，因为不同的人有不同的肤质、吸收度、皮肤酸碱性，反射出来的香味也不同。

香妃的体香是真的

野史中最为人津津乐道的八卦之一，就是乾隆皇帝最宠爱的香妃，她身上有股独特的体香。当然，一般的解释是其实这是中亚地区的人常吃的香料吃多了，身上自然有股“味道”，偏偏乾隆就喜欢这种味道。但是如果我们用科学的解释还有更深一层的可能。

因为皮肤本身就有酸碱值的差异，当然也包含饮食习惯的差异，再加上汗水的差异。自然流出的汗水是无味的，是经过皮肤上的细菌才使它变得“有味道”。不同的体质与酸碱值也会在身上产生适应的细菌，因此你的汗水也会有不同的味道，幸运的话，“香汗淋漓”不只是夸张的形容词，而是真有其事。

这也解释了如生理期或怀孕期间，因为激素的改变，而创造了另一种皮肤环境，皮肤发出的味道便产生了变化，你的体味也会改变。

少女的体香也是真的

日本药厂乐敦制药株式会社（ロート製薬株式会社）在2018年底召开的第三届“日本抗衰老协会论坛”年会上，发表一份《女性随着年龄体味改变》的研究报告。

他们发现少女真的有体香！不同地区的女性，体味也不尽相同，如德国女性会有木质香、美国女性会散发藻香，日本女性则是桃子和椰香味。

↑皮肤的肤质会对香水造成影响。例如，在油性皮肤上香味较持久，而且皮肤分泌的皮脂会分解香味分子，所以香味闻起来会完全不同。

少女体香在十几岁的时候最明显，而在三十岁开始消失，到了三十五岁以后基本上不存在。

聪明的你，是不是想要赶快配一瓶有桃香的精油呢？

肤质也有差别影响

皮肤的肤质也会对香水造成影响。例如，在油性皮肤上香味较持久，而且皮肤分泌的皮脂会分解香味分子。如此一来，香味闻起来会完全不同，也会对原本的香味特色发生作用。

香水也会对有香味的护肤品产生敏感的反应，因为这些护肤品也可能改变皮肤上的香味产生，所以擦香水不应该同时使用含有香味的护肤品。

另外就是饮食习惯了，例如吃了大蒜、洋葱的人，周围的人也会闻到大蒜、洋葱味。这些气味会混合皮肤上的香水产生作用。

季节对香味也有差别影响

为什么要把香水沾在手腕脉搏或是温热的皮肤上？因为在体温较高的皮肤上，香水挥发得更快，效果更强。

因此同一款香水配方在夏季用和在冬天用，给人的感觉也会不同。

“香妃”是怎么炼成的?

注意你的饮食，不要吃引人反感的重口味食物。

保养你的肤质，使其营养饱满，不再干涩，因为干涩的肤质也会抢食你用的精油香水，影响香氛效果。

就算你不再年轻，没办法自然地散发桃子气息，你还有葡萄柚、柠檬、玫瑰、薰衣草……这些精油做你的后盾。

使用香水的艺术与技巧

把香水当作一件隐形的外衣

因为穿衣服要看季节、看场合，用香水也是。

正式的场合要用大方典雅的香味，休闲的场合要有活泼而健康的气息，夏季能散发出爽朗而轻松的感觉……许多人都是一瓶香水闯天下，怎么用都是那一瓶，那一种香味，未免有些不识相了，这就像你只有一件衣服，到哪里都穿这件。

把香水当作随身的乐曲

你想表达出什么样的气质？说出什么样的话？

同样是与异性朋友的约会，是一个老朋友、老同事，还是一个心仪许久苦无表达机会的白马王子？

同样是去公司，是面对一个重要的面试机会还是做一场业务说明？相信聪明的你应该知道，你的香水会是你随身携带的乐队、唱诗班、司仪，对适当的对象做出适当的表达，必定会有加分效果。

精油香水有保存的问题吗?

严格说来，香水并无保存的问题，最

多就是你没有盖好，让酒精挥发掉了。

除非是本身就有问题的香水，香水不可能变臭，但是可能变淡，而如果是精油香水，你放心，精油香水会越放越香，因为时间越长精油的精华越能充分的融合与释放出来。

也正因为如此，虽然香水并无保存的问题，但是如果你保存得当，可以延长一瓶好的香水的使用期限，置于室温与阴暗避光处是精油与精油香水共同要注意的。

闻香会不会疲劳?

嗅觉当然会疲劳，所以有技巧的香水使用，就要让香味一阵一阵的传达，而不是浓郁密集地袭击你身边的朋友。

那种若有若无的香气最是诱人。

除了使用时要注意过犹不及的艺术，在调香、闻香时也要注意，一口气用了太多的精油，也会使你丧失对精油香气的直觉，建议的对策就是，短时间内不要闻超过四种精油香气，或是在接触了足够多的种类，感觉自己的嗅觉灵敏度丧失时，可以准备一个纯羊毛的纺织品如围巾，吸嗅并净化你的嗅觉。

我个人常用的另一种方法是准备一些研磨咖啡的咖啡渣，咖啡渣有很好的除味能力，总之就是，要让自己的鼻子恢复成原先对味道的感受后，才能继续闻香。

↑不只用香水来表达精油的香气，做成香膏也是一种方法。将精油的配方调好后，调入基底油及溶解的蜜蜡，冷却之后就变成自己专属的香膏了。

↑有技巧地使用香水，是要让香味一阵一阵地传达，而不是浓郁密集地袭击你身边的朋友。

除了香水还有其他的香剂吗?

其实有很多方法来表达香气，不只是香水。

例如，你可以制作香膏，那是在精油配方调好后，调入基底油及溶解的蜜蜡，这样在冷却之后就会形成膏状物，用于涂抹在身体各部位。由于香膏的特性，香气密封在膏中慢慢地释放出来，所以更持久，讲究一点的香膏配方还可以当作护肤膏或是护唇膏呢!

另外也可以将精油调在沐浴乳或是沐浴盐中泡澡使用，当温热的水接触你的肌肤时，香气也能自然的扩散入你的毛孔，因此芳香浴带给你的不只是那十几分钟的享受，同时也是最自然的体香散发。

更进一步，你可以使用一些无香精的乳霜护肤品、洗发水等，调入精油配方，一方面享受那独特的天然植物香气，另一方面这些精油本身也具有身心保养功效，如此得到更多的乐趣与享受。

Chapter2

香氛魔法DIY

调配精油香水必须建立在个人的实验基础上，说穿了就是勤买必中、多做就会。调配出好的精油香水配方必须要有丰富的经验，而丰富的经验来自大量的实验，所以切忌光看不练。

本章要让你做到两件事，第一你要成功做一瓶精油香水，产生信心、兴趣与成就感，这样后面的内容对你更有帮助也更实用。

第二就是要告诉你，把香水配方升级为香氛，更多地应用在你的生活中每一个细节，精油香水玩家最得意的就是能玩出各种更多元的应用，让香水不只是香水，让香氛成为生活的一部分。

一定成功的香水配方

什么是成功的香水配方？当然是受欢迎的香味。

其实这一点也不难，只不过所有的初学者都怕调出不好闻的气味，或者说，你不相信自己能调出受欢迎的香味。因为大家一直都有个想法：调香水一定是个非常专业、非常难的学问。那我们先来研究一下，什么是失败的香水？

什么是失败的香水？

香味不受喜欢。

香味令人厌烦甚至作呕。

香味给人廉价的感觉，像厕所的芳香剂。

以上这些特征，其实都是化学香精才会有的。

原因很简单，对于敏感的人来说，闻到化学香精的香味，身体自然会产生排斥感，轻则觉得头晕，重则想呕吐。特别是廉价芳香剂所用的香精配方，都是合成方法简单合且是原料品质差，这种“假”香味会让大脑

有受骗的感觉，这当然是失败的香水。

用精油做配方原料会有这种情况吗？

当然不会。

因为只要是植物精油，都是植物经过光合作用，慢慢地、自然地合成，试想，柠檬精油就是柠檬皮压榨所得的香味，当然与化学合成的柠檬香精完全不同。

照这么说，用精油配香水不太可能失败？那是当然！不过还是有些诀窍，首先选择你喜爱的香味最重要，因为这才是代表你的香味。

调一瓶你喜爱的香水

在后面的内容中我们会详细解说各种香系的特色，现在只是先从你手边现有的精油先动手DIY。

你必须先有一些精油，可以从以下这些类别开始：

找一个玻璃瓶，容量在10毫升以上，最好有喷头或滴头方便使用。你可以用旧的护肤品瓶罐或旧的香水瓶，洗干净让瓶内没有味道，然后……

如果我没这么多种精油怎么办？

较为简单的配方大概用四五种精油来调配，但是很多人其实一开始没有这么多种精油，可能只有一两种，那怎么办？

哪怕是你只有一瓶薰衣草精油都可以调。

一半薰衣草精油，一半酒精，摇晃一下，也是一瓶香水。

当然香味或许单调一点，也不讲究前中后味的变化，但是：

† 每一种精油自身都有前中后味的差别，只是变化没有复方这么明显而已。

† 薰衣草控就爱薰衣草香味，单单一瓶薰衣草香水也是可以。

† 酒精对精油有催熟及挥发两大功能，“催熟”指的是酒精中的乙醇会和精油的醇类、酯类等成分作用，把精油香味“催”得甜美一点，而“挥发”指的是酒精有更好的挥发性，因此更容易把精油的香味扩散在空间中，所以光是把精油用酒精稀释，就会比单独闻精油的香氛效果好。

为什么要放置1小时以上？

如果你立刻使用这款刚调出来的香水，你会发现喷出来的香味是割裂的两截：先闻到很浓的酒精挥发的呛味，然后才是配方精油的香味。

这是因为精油和酒精还没有很好地互溶，酒精无法带着精油一起出来。

唯有放置一段时间之后，酒精和精油已经充分溶解在一起了，那时酒精的挥发性能把精油的香味完整的带出来，香味得到完整的释放。至少要放1小时，最好能放置24小

配方第 1 号

随心所欲

❶ 果类精油，如从柠檬、葡萄柚、甜橙、苦橙叶精油中选一种你有的或你喜欢的，滴入1毫升（约20滴或一滴管）。

❷ 草类精油，如从薄荷、香蜂草、迷迭香、马鞭草精油中选一种你有的或你喜欢的，滴入1毫升（约20滴或一滴管）。

❸ 花类精油，如从天竺葵、洋甘菊、薰衣草、依兰、橙花、茉莉、玫瑰精油中选一种你有的或你喜欢的，滴入1毫升（约20滴或一滴管）。

> 草类或花类精油都可以互相取代，例如你可以滴入两种花类或是两种草类精油。

❹ 然后是木类精油，如从雪松、丝柏、松针、冷杉、花梨木精油中选一种你有的或你喜欢的，滴入1毫升（约20滴或一滴管）。

❺ 最后是定香类或树脂香料类，如岩兰草、广藿香、乳香、没药、安息香精油中选一种你有的或你喜欢的，滴入1毫升（约20滴或一滴管）。

以上共5毫升精油，再加入5毫升酒精，摇匀，放置1小时以上，让精油充分溶解并把香味释放出来，这时你就调配出一瓶满意的香水了。

时，你会发现，放置时间越长精油香水的香味越浓郁。

为什么会是你绝对满意的精油香水?

因为所有的精油都是你喜欢的气味。

当几种你喜欢的精油香味混在一起，香味会改变吗？其实这就是复方精油，每种单方精油的香味都会保留，而不稳定的成分会互相结合变成稳定状态，所以复方精油远比单一精油丰富而有层次。

因为我们刻意借果香、草香、花香、木香、定香这样的顺序，让香气不打架，并且将各自特色表现出来。

↑精油香水是可以调整香味的。第一次的配方随着你的使用，你会发现同样一瓶精油香水会越来越香、越来越柔。

香气只要不打架，每一个香气类别只选一种，就能展现出立体的层次。

以上建议的精油名单也是经过选择的，已经把不容易控制的香味精油排除在外了，例如，快乐鼠尾草也可以调配精油香水，但是要在懂得驾驭它的调香师的使用下，所以不在建议名单中。

精油香水还可以调整香味

有时候你想象中不错的配方，结果调出来并不如意，这也是有可能的。

有时候你只是想再做香味变化。

总之，精油香水是可以调整香味的。

第一次的配方随着你的使用，你会发现同样一瓶精油香水会越来越香、越来越柔。随着消耗，你还可以补充精油或酒精。例如，你很喜欢葡萄柚，那就可以再补充1毫升葡萄柚精油，让葡萄柚的香气更明显一些。

如果你觉得香味太浓，可以补充酒精进行稀释。

酒精最好用95%酒精，这样比较精准，你也可以用龙舌兰酒、朗姆酒、金酒当作酒精加入，因为这些酒本身就是非常好的调酒基础，所以当作精油香水基础也很适合。

就这样，香味不够了补充精油，觉得太浓太香了补充酒精，这瓶香水可以一直变化下去，永远留个底作为定香，也永远可以尝试新的配方变化。

这就是你第一瓶个人调配香水。

全家人都能享受的居家生活香水

香水难道只能个人用？

其实香水也可以应用在居家生活中，并且有更贴近生活实用的配方，把香水定义得更广一些，例如：

† 新装修后有一股浓浓的辛辣味，那是漆或胶水的挥发剂味道，主要含有一种有毒物质甲醛，如果能除味就好了。

† 希望衣物有香香的味道？衣柜抽屉打开有股清香？

† 回家一进门能感受到家的温暖与家的香味？

† 多雨潮湿的日子，总是有股霉味？家里的鞋柜有种臭胶味？

生活香水就是提供居家生活中意外的惊喜与香氛，既然你能调配个人专属的香水，当然也可以为家人调配全家人适用的香水。

第二瓶香水就调给家人吧！

常用于居家的香氛精油整理如下：

目的	推荐香气
抗菌	尤加利、茶树、广藿香、迷迭香、柠檬
卧室香气	薰衣草、橙花、洋甘菊、玫瑰、依兰
改善空气质量	茶树、薄荷、迷迭香、尤加利、薰衣草
驱虫驱蚊	柠檬香茅、香茅、玫瑰、天竺葵、薰衣草、薄荷

以上都是常用、便宜的精油，从你手边有的以及添购必要的中选择三种以上不超过五种，每种等比例加入，就调好了。放置一天后就可以使用。

调配精油香水这么简单？

看到这里你一定怀疑，怎么配香水这么简单，这么没有学问啊？

学问都在后面，我只是不想吓着你，调制香水本来就是愉快且享受的事，所以我们先抛开那些学问，玩一会儿享受享受，这样才有动力与好奇心来探索这些“学问知识”。

有哪些“讲究”的精油香水调配问题？

精油之间有相克或禁忌的讲究吗？

在精油香味上并没有相克、抵消、排斥的说法。

如果把精油香味想成颜料，颜料与颜料之间会有禁忌吗？就连黑色和白色都可以调在一起，甚至不同的黑白比例还能调出不同程度的灰色效果呢！

从调香这个角度来看，所有的精油都可以是你的调配选角，尽情挥洒出不同的配方，不用顾虑。

精油调配时有先后顺序的讲究吗？

不需要。认真说起来，加入精油的先后顺序会影响这些精油彼此之间交互作用，但是这不是激烈的化学反应，所以你是先放入薰衣草还是先放入迷迭香，影响甚微，可以忽略。

配方第2号

香氛生活

这瓶我们称为香氛生活香水，你可以用精致的玻璃香水瓶，或是直接购买耐酸碱的塑料瓶喷头，一般75%清洁酒精瓶（500毫升）加一个喷头也不错。

如果是500毫升瓶，精油50～100毫升，如果是100毫升瓶，精油10～20毫升，也就是10%～20%的比例，依此类推。

1

准备好所有的材料与工具：3种精油（如尤加利、薰衣草、薄荷）、75%酒精或香水酒精、喷瓶。

2

将3种精油分别倒入喷瓶中。

3

接着倒入酒精。

4

放置1小时以上即可使用。

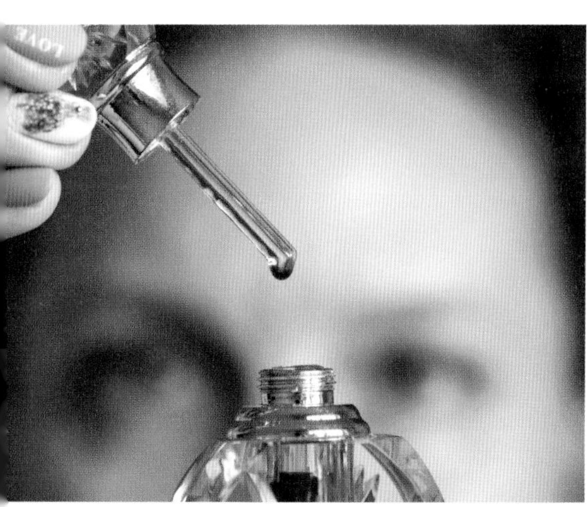

↑从调香这个角度来看，所有的精油都可以是你的调配选角，尽情挥洒出不同的配方，不用顾虑。

精油调配好之后，能摇晃让它快一点混合均匀吗？

可以摇晃，至于用什么力道或姿势摇晃，自行发挥。

会提出这个问题，是因为在一次精油香水DIY的现场制作课程中，学员A调好后，急着想闻是什么香味，于是把香水瓶用力摇了两下，立刻被学员B制止了。

学员B说：不可以这样，要用双手掌心温柔地握住，慢慢地搓揉。

其实不必这么轻柔！当然，如果你要做个有气质的调香师，也是可以优雅柔和小心地用双手掌心温柔地握住，慢慢地搓揉，但是也是要等一小时之后，香味才会饱和。

实用易分享的精油护唇膏&香膏

自己做的香膏有什么不一样?

市面上有许多护唇膏，为什么还要自己做？当然是因为成分不同。

为求稳定，绝大多数的护唇膏或香膏，都是用石化原料做的。一般唇膏标示的成分有：

† Mineral Oil：矿物油

† Ozokerite wax：石蜡

† Dimethicone：硅灵

当然还有其他香精或稳定成分。长期以来，我们都认为护唇膏应该是无毒无害，甚至可以吃的，因为擦在嘴唇上，你总免不了吃点下肚，现在当你认真研究它的成分到底是什么意思时，可能要三思了。

自己做当然可以采用全植物成分。不过要注意，全植物成分又不加防腐剂会很容易变质，所以保存期限最多一年，做出来的最佳使用期限约在半年内，且要妥善保管，不得常开盖或放置日晒高温处。

香膏材料简介

制作香膏的材料主要有三种：一倍的复方精油，三倍的基底油，一倍的蜂蜡。例如20克精油，60克基底油，20克蜂蜡。

1. 精油配方：你可以用功能或是香味来考量，一般常用的有：

† 薰衣草精油：滋润／花香。

† 薄荷精油：清凉／止痒。

† 茶树精油：杀菌。

† 安息香精油：抚慰 / 滋润。

† 洋甘菊精油：抗敏 / 花香。

† 玫瑰精油：保养 / 花香。

几乎所有的精油都可以考虑，只要总数是前述的一倍比例原则就可。

2. 基底油作为主要的成分，是滋润感的来源，你可以只用一种也可以用多种基底油，葡萄籽油、荷荷巴油、玫瑰果油、椰子油……全都可以。

3. 蜂蜡是蜂巢的成分，蜂蜡是蜜蜂吐出筑巢用，主要是植物有机蜡质，不是石油化工原料。

原始的蜂蜡是浅黄至深黄色，坚硬且呈节块状。那是因为养蜂人搜集蜂蜡时，为了方便携带会把它融化处理为块状减少体积。

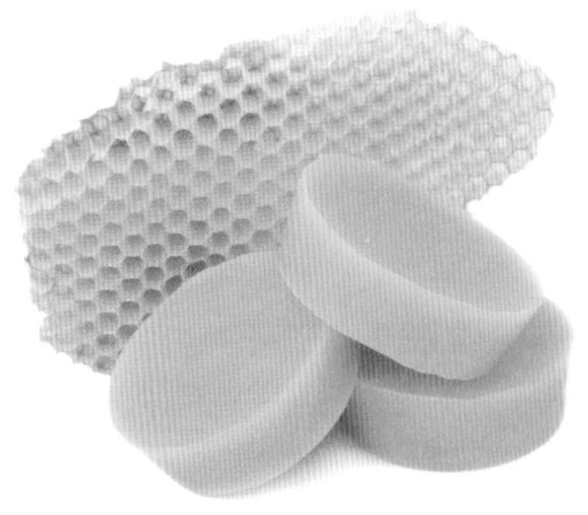

↑蜂蜡是制作精油香膏的主要成分。

因为蜂蜡也是某些化妆护肤品的原料，所以从某些天然原料供应商也能买得到蜂蜡，大多是处理过的，例如脱色使其变成非常淡的黄色甚至白色，这是为了让它不影响护肤品的颜色，也有的会做成一滴一滴的颗粒，以便加热加工处理。

只要确定来源是蜂蜡不是工业石蜡，以上这些你都可以考虑使用。

蜂蜡有三个主要功用

✣ 控制香膏的硬度

精油、基底油、蜂蜡都有不同的挥发度与硬度，这三种以1∶3∶1的标准比例可以提供固定的硬度，但是可以用蜂蜡来调整。既然是DIY，你当然可以调整最适合的硬度，例如在夏天不希望香膏太软，到了冬天不希望太硬，就可以调整蜂蜡的比例，蜂蜡若加到了1.2倍，就是夏天稍硬版，而改成0.8倍就是冬天的稍软版。软硬度随个人喜爱调整，这也是DIY的乐趣。

✣ 锁住香味作为缓释剂

如果只有精油，很容易就挥发，加了基底油，挥发速度就会慢些，如果有蜂蜡，可以锁住香味使其更慢释放出来，所以你不只可以做护唇膏，也可以做成香膏。

香膏可以涂抹在皮肤上，因为有了蜂蜡与基底油的稳定性质，精油的刺激性大大降低，香味也得到延长。香膏也可以填充在镂空项链中，这也是最近非常流行的香氛项链。

香膏DIY

工　具

1. 烧杯、量杯或可用的玻璃杯1个（容量超过200毫升即可）。
2. 可精确到1克以下单位的电子秤。
3. 搅拌棒（玻璃棒或木棒，例如不用的筷子）。
4. 分装香膏的小罐容器（必须耐热，例如小铝罐，不可用塑料或任何不耐热材质）。
5. 隔水加热的锅子（外锅）。
6. 电磁炉或燃气炉都可作为加热的来源。

材　料

精油3种（薰衣草、茶树、薄荷）共10克
基底油（甜杏仁、向日葵或其他）30克 、蜂蜡10克

操作顺序

1 准备好材料与工具。

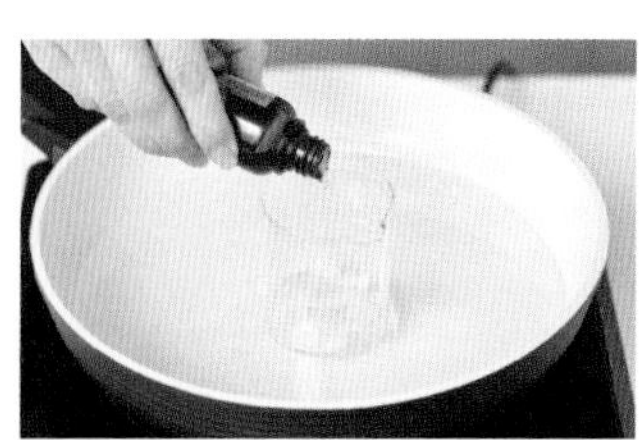

2 将蜂蜡放入烧杯中，再加入基底油。

3 外锅加水，加热直到温热，注意保持温热但不要煮沸就好，然后放入烧杯（步骤2）隔水加热。

4 轻轻搅拌，让蜂蜡慢慢熔化，关火，加入精油。

5 将精油搅拌均匀后，趁热倒入各容器中分装好。

6 冷却至凝固呈膏状。

✤ **更好的滋润抚慰性**

当然我们用蜂蜡也是为了它有更好的抚慰性。古代还没发明创可贴或伤口专用透气贴时，人们会用蜂蜡作为伤口的包扎与固定材料，毕竟蜂蜡有非常棒的滋润与亲肤性，不会过敏。我们用护唇膏也是希望滋润成分停留久一点与护肤性强一点。

比蜂蜡还珍贵的花蜡

除了用蜂蜡，花蜡是另一种选择，当然它更珍贵也更难获得。

花蜡是指用脂吸法提取精油时剩下的蜡状半固体物质，目前玫瑰花与茉莉花还有少数特殊的花朵还是用脂吸法提取精油，当所有的玫瑰花朵与油脂调匀后，会用酒精把精油萃取出来，而剩下那一堆还是非常香的花朵与油膏的残留物，就是花蜡。

花蜡又称为凝香体，主要成分是花朵中的蜡质、花粉与其他无法挥发的物质，所以如果你能得到花蜡，这也是非常棒的香膏材料。

↑精油可以激发能量，只要感受过的人都能体会这句话的意义。

“幸运”香包

精油可以激发正能量

精油可以激发正能量，只有感受过的人能体会这句话的意义。赶走负能量，激发正能量，改善自己的心理、情绪，甚至微调自己的性格，修正自己的缺陷，例如沮丧、忧郁、低潮、消极、悲观、这些都是负面情绪，可以借精油的气味引导，朝着乐观积极、快乐阳光的趋势发展。

负能量与负面情绪也会直接导致心理的不健康，或是人格上的缺陷，这是一种病态。因此也许你会健忘、懦弱、人缘差、不如意……你会将这些负面影响叫作“倒霉”。但是，精油的香气可以帮助你改善。

你需要哪些精油能量来“开运”？

利用精油来增加你的个人魅力，或增强你的工作效率，让你在职场上无往不利，也能给自己的正能量充充电，赶走负能量，给自己更健康的身心。

✤ **各行各业增进财运及事业运的精油配方**

† 适合外地发展：榄香脂、松针、丝柏、冷杉、岩兰草、雪松精油。

† 适合从事金融、外贸业：甜橙、葡萄柚、柠檬、玫瑰精油。

† 适合从事电子业、科技业：薰衣草、迷迭香、罗勒精油。

† 适合从事餐饮、食品、旅游业者：百里香、茴香、罗勒、依兰、茉莉精油。

† 适合从事美容业：玫瑰天竺葵、花梨木、橙花精油。

† 适合会计师、律师、医生及文字工作者：迷迭香、茶树、扁柏、乳香、佛手柑、苦橙叶精油。

†“万用”精油：洋甘菊精油。

✣ 增进你的贵人运及人际关系

† 檀香、乳香、岩兰草、茉莉精油。

以上这几种都是贵气逼人，磁场极强，普遍被认为是精油中开运/改善生命磁场的。

✣ 增进你的桃花异性缘的精油配方

† 男：檀香、雪松、冷杉精油。

† 女：茉莉、玫瑰、橙花、依兰、花梨木精油。

此类精油可以影响体内多巴胺之类的激素分泌，可以增加你的异性魅力。

✣ 增进亲子和谐、家庭和睦的精油

† 佛手柑、苦橙叶、甜橙、芳樟叶、榄香脂精油。

此类精油很适合用于幼童，可以缓和孩童的焦躁情绪。

✣ 增进整体的健康运的精油

† 薰衣草、松针、杜松莓、雪松、丝柏、茶树、迷迭香、罗勒 、柠檬精油。

此类精油有助于身体免疫力的提升。

精油香包是什么?

精油调香带来的不只是香气，也保留了植物精华，用酒精稀释喷洒是一种用法，把精油带在身上是另一种用法。

你可以用精油香包的方式，也可以用香氛项链的方式，让植物香气与能量保留。

如果你是用香氛项链，当然可以把精油直接滴在里面，或是用前面的做法做成香膏装在香氛项链的中间空洞处。

你也可以自制香包，把精油滴进去或是把香膏填充进去。

所谓香包，对了！就是传统端午节每个人会配在身上的香囊，也可以自己做个小袋子，贴在胸口。

广义地说，香包就是随身的香氛饰物，能保留精油，散发香味。讲究的人可以用干艾草粉或是绿茶粉包起来，随身携带，我最常用也最方便的，就是直接把喝剩下来的茶包晒干，等其原来的味道散去，把吊牌和吊线剪掉，并把其中一面用双面胶贴好即可。

使用的时候，滴入需要的精油，贴在内衣外侧的胸口位置，这就是最好用的随身精油香包了。

精油香包能提供你随身的精油能量，特别是如果你要进出医院，或是某些你觉得“不干净”或是“负能量”的地方，都可以当作求心安的“护身符”使用。

↑自制香囊（香袋或香包）、精油项链，扩香石与天然松果都是很好的扩香用品。

香薰机与扩香仪

精油香水配方更广泛的应用，还可以用在香熏空间的布置中，只要搭配一台合适的香熏机或扩香仪，你的香氛气场就有更强大的影响范围。

精油香熏机能提供最好的室内氛围，把植物精油的精华与香味直接传送到你身边，所以讲究生活情趣与居家健康的人都会考虑添置一台精油香熏机，且所有精油香水的配方都可以应用在香熏机或扩香仪中。

市面上的香熏机非常多种，你逛商场专柜也会看到各种各样的香熏机、扩香仪，该如何挑选？特别是光是精油香熏机就有好几种扩香原理、价格差异，选择一台“适合你”的香熏机扩香，该考虑哪些条件？

有哪些香熏机？

所谓“香熏机”，是指“滴入植物精油，把精油的香味扩散出来的机器”，哪些不是香熏机？同样叫作香熏机又有很多种，如何区分？

哪些香熏机不考虑？

† 加热的不考虑。因为加热不但容易破坏精油成分，同时香气也不持久，因为长期加热会让精油变质。

† 不用精油的不考虑。因为有很多产品名叫精油、香精、香精油，但实际上是化学香精，而不是植物精油，化学香精不但没有任何植物精华，还有大量的对人体有害的成分，当然不能考虑。

† 不插电的不考虑。不插电不是不好，而是既然叫作“机”，我们主要锁定用电的方式，以免选择范围太广。

精油香熏机

原理：加水约200毫升，配上10滴左右的精油配方，或20滴的精油香水，然后用超音波震荡片震荡，变成含有精油的水雾扩香出来。

这是市面上最常见的扩香香熏机，因为造型漂亮，通常会有夜光功能，作为市内摆设很好。同时价格合理，约在240元人民币，还有就是，精油扩香很省，因为已经用水稀释了，所以开两、三个小时都还有香气。

↑精油香熏机。

精油香水可否用在精油香熏机中？

当然可以，且效果更好。因为精油香水是精油加上酒精，酒精是很棒的溶剂，溶于水也溶解精油，所以如果你把精油香水加到香熏机中，它会让精油更好的溶解在水中，雾化出来的水雾香味更棒。

精油香熏机的优点也是缺点，因为用水稀释了所以很省精油，但也因为用水扩香出来所以多少会增加些湿气。如果你在空调环境使用最好，因为冷气一开本来就会比较干燥，用香熏机增加点湿度更棒，但是如果是潮湿不通风的环境，就更潮啦！

精油扩香仪

原理：一次约用精油10滴纯精油配方，单纯雾化精油扩香出来，也就是原汁原味的精油扩香。

这是玩家级的香熏扩香仪，讲究使用纯精油，精油没有稀释没有变质，还原在你的居家环境中，因为用的是纯精油，所以扩香仪的材料非常讲究，唯一选择就是玻璃，因此扩香仪的轴心都是玻璃师傅的手工制作，扩香仪当然比较贵些。近来另一种改良版是用铁弗龙，这是另一种不怕酸碱的材料。

扩香仪属于玩家级的香熏机，如果你用扩香仪，一开始也许比较消耗精油，但是只要环境中长期使用累积下来，整个空间都有很棒的香氛，甚至还更省精油。

精油香水可否用在扩香仪中？

可以，但要注意。因为精油香水是用酒精稀释的精油，所以当然不是纯精油。但是因为稀释了，扩香仪在扩香时更好推出，所以这种方法可以让香味出来得更顺一些，同时也有保养清洁扩香仪的好处。

↑精油扩香仪。

所以只要你不嫌弃精油被稀释过，用精油香水也是不错的用法。

风扇式香熏机

原理：把精油滴在棉片上，再用风扇吹出来。这也是另一种方便省事的扩香方法。

这种吹风式的扩香并没有什么太难的门槛，所以不失为简单方便的香气来源。有巧思者多有附加功能，例如夜光、定时、USB

充电等，成为一种香薰小家电。

风扇式香熏机，不用加水，精油也是原汁原味，但是因为滴在棉片上再扩香出来，所以时间久了棉片需要更换，是唯一的消耗。

接下来我们把使用香熏机的几个常见需求与差异列举出来，以便你考虑哪一种香熏机适合你。

↑风扇式香熏机。

香熏机常见问答

你预算多少钱买香熏机呢?

- **精油香熏机：**最便宜。240元人民币左右就有合适的选择。
- **精油扩香仪：**比较贵。大概在480～720元人民币，超过720元人民币就太贵了。
- **风扇式香熏机：**一千多元，看功能有什么变化。

你会常常换香熏机的精油配方吗?

- **精油香熏机：**香熏机每次滴精油10滴左右可以用3小时，之后可以再换别的精油，如果你对香味很敏感，也可以把香熏机内的水杯清洗即可，所以换配方很容易。
- **精油扩香仪：**每次滴5～10滴精油，扩散完后，事实上扩香瓶内还会有些残留的精油，此时再加新的精油当然可以，不过一定会和原来的精油香味混合。
- **风扇式香熏机：**因为是用棉片，所以只要你多准备几个棉片，每种棉片专用的精油配方，更换香味很容易。

你会在车上使用香熏机吗?（香熏机方便携带性及电源）

- **精油香熏机：**有USB电源的香熏机可以接上USB电源在车上使用。不过香熏机体积比较大不好携带。
- **精油扩香仪：**扩香仪大多是玻璃材质，所以要小心携带，另外扩香仪也不太支持

USB电源。

✣ **风扇式香熏机：**携带性最好，通常都有USB电源，甚至自备充电功能，风扇式香熏机是方便携带的最佳选择。

你会希望香熏机省精油吗？

✣ **精油香熏机：**因为用水稀释再扩香，所以香熏机最省精油。

✣ **精油扩香仪：**因为讲究原汁原味，扩香仪并不省油，通常会用扩香仪的人也不在乎省精油。

✣ **风扇式香熏机：**因为是滴在棉片上再用风扇吹出来扩香，其实效益是比较差的，也就是香味最弱。

你是懒人还是细心的人？（香熏机的保养麻烦度）

✣ **精油香熏机：**约两三个月要清理震荡片。

✣ **精油扩香仪：**约一两个月要清理扩香轴心。

✣ **风扇式香熏机：**不用清理，但是要定期更换棉片。

↑在香氛空间的布置中，只要搭配一台合适的香熏机或扩香仪，你的香氛气场就有更强大的影响范围。

精油香水竟成佳酿

精油香水和酒有什么关系呢?

精油香水其实和酒非常相似，精油香水是植物精油加上酒精，而酒呢?则含有植物发酵成分醇类与芳香酯类，也是植物“精油”加上酒精。

这也是为什么我们会推荐你用某些基础酒来调香水的原因。

但是更好玩的来了，精油香水和酒还能有其他更深入的结合?

喜欢精油香味，可以把这种香味变成酒吗?以下的奇遇，提供当精油香水遇上酒的真实故事，也许你也可以创造出你的奇遇记。

沉香酒奇遇记

某次与朋友一起拜访民间高手，当他知道我的精油专业背景后，非常高兴地拿出一个酒罐，要让我品尝。

酒坛打开，奇香无比，我初一闻，不敢置信地说:“这……这不是沉香吗?”

他非常得意，说也只有你识货。原来他得到一些非常珍贵的沉香木，就发挥研究的

↑沉香精油不但香气很强，用来泡酒味道也非常迷人。

精神，把这些沉香木清洗、切碎，然后用白酒泡起来，至少十年了，得此沉香酒。

沉香和檀香可以说是植物精油中两种最特别的香味了，是完全不同的两种气味系统，各有特点，而这罐独一无二的沉香酒呢？入口都是享受，光拿着残酒空杯，用掌心温度慢慢地烘出酒香，闻着都是享受。

你说，这算不算精油香水的另一种形式呢？

其实这个就是把民间泡药酒的习惯做些调整，因为白酒可以把植物中的微量成分与香气溶解，你可以泡药材，也可以泡沉香、泡香草，原理一样，例如像珍贵的沉香，提炼精油太浪费了，那就自己动手做成沉香酒吧！

Bartender奇遇记

我们遇过的另一个案例也是精油香水与酒的结合。

在花式调酒中有所谓CO_2灌气雪克杯，这是一种特殊的工具，可以把CO_2灌到鸡尾酒里，也就变成气泡饮料。

如果在灌气的过程中，把精油的香味用扩香的方式，是不是也可以打入酒中呢？我们有个会员就是台北东区的酒吧老板，我们一起实验了这个玩法。

效果是非常惊人的，在原本的调酒中可以用高压气体加入精油香味，最适合的就是果类精油，如柠檬、葡萄柚、甜橙，当然我们也尝试了更多的配方，如果加的是奥图玫瑰精油的香味，那就是来自天堂的佳酿了！

↑在花式调酒中有所谓CO_2灌气雪克杯，这是一种特殊的工具，可以把CO_2灌到鸡尾酒里，也就变成气泡饮料。

*** Part 2 —— 香氛精油篇 ***

市面上的商业香水不胜枚举，但想要自己拥有一款独家配方是绝对不可能的事！但如果利用精油自行调制，就可以调出自己喜欢的气味，或是想表达的信息，也可以配合场所、事件、心情、对象与环境，量身定做精油香水。

本篇芳疗师们将会集他们20年来的调香经验，把各种精油以香气的特质分门别类，如性感浪漫花香系、灵活多变草香系、阳光快乐果香系、坚定稳重木叶香系、圆融饱和树脂香系、温暖厚实香料种子香系六大类。作者以流畅洗练的文笔，精确又具体的描述每一种精油的香气与感觉，让你跟着文字的流动与韵律，慢慢从中体会感受每种植物带来的芳香与功效，不由自主地进入精油调香的美妙境界。

Chapter3

性感浪漫花香系

花香当然是香水最常用的材料。

花香本来就是植物吸引异性最主要的方式，绽开的花朵吸引蝴蝶、蜜蜂，因此才能传宗接代，花香也是跨物种的，一只蜜蜂对一朵盛开玫瑰的香气欣赏力可能不亚于你……花香也是既短暂又持久的：清晨开苞吐香的茉莉，到了中午可能就不敌烈日而小歇，但是如果成功取出的茉莉花香精油，经年累月后你还是能闻到它宜人的清香。

花香，可以同时拥有前味、中味，以及后味。

调香时使用花香类精油，最需磨炼之处，就是你该如何选择你的香调。玫瑰、茉莉、薰衣草、橙花精油……对于初学者来说，每一种你都舍不得让它当配角。当然我必须老实说，就算你四五种花香精油乱加一通，调出来的香调也非常好闻，只是缺了主题或是调香目的而已，所以成功的调香师还是要懂得分辨、掌握，如何在这几种精油中选择。

花香系列的几种精油，建议你一定要拥有的基本款是：

薰衣草、花梨木、橙花、天竺葵、依兰精油，同时最好能有玫瑰精油或是茉莉精油

的其中一种，如此你就可以拥有基本的调香组合。

同时拥有茉莉精油与玫瑰精油，甚至是多种品种的玫瑰精油（我手边主要用的玫瑰精油就有五种，能作为原料的有七种玫瑰精油）是非常愉快的事情，你会讶异于多品种的玫瑰精油都能表达出丰富饱和的玫瑰香气，但香气完全不同。

洋甘菊以及其他的菊科精油，也是进阶高手必备的花香精油，洋甘菊精油当然是芳疗界中的明星，但是就我曾用过的蓝艾菊精油，还有独特的野菊花精油，都有不错的表现与香气特征。

岩玫瑰是种很有个性的花香精油，另外如我国特产的桂花、夜来香或白兰花精油，以其作为主旋律来调配香水，相信我，你可以调出独一无二的香气！

在香水界也许还会提到铃兰、百合等精油，你会在某些香水描述中看到这些成分，但是就如同《香水的感官之旅》的作者说的，这些花香是无法提炼精油的，因此只能用人工合成来模拟。

以下所介绍的都是以纯植物精油为对象，专属于芳疗精油专业的知识，就不在本书中说明，不过要特别说明几点：

一、同样是薰衣草精油，全世界有超过二十个产地、四十种品种、成百上千家品牌的薰衣草精油，其气味都不尽相同。

二、精油使用有其安全操作要领，如有必要，我们会在调配时说明。本书所提到的精油使用及其配方，均可在调和成品之后喷洒于衣服、肌肤，作为沐浴或其他用途。

三、针对少数过敏体质的朋友，请务必先测试你是否会对相关成分过敏，请先将各成分少量接触身体手臂内侧皮肤，至少10分钟后观察有无过敏现象，再决定是否使用。

薰衣草

中古世纪令欧洲人疯狂的香水

中文名称
高地薰衣草
英文名称
Lavender
拉丁学名
Lavandula angustifolia

重点字	平衡
魔法元素	水
触发能量	交际力
科别	唇形科
气味描述	前味为清新草香，尾味为微甜花香
香味类别	蜜香／幽香
萃取方式	蒸馏
萃取部位	顶端的花苞
主要成分	乙酸沉香酯（Linalyl acetate）、沉香醇（Linalool）
香调	前—中—后味
功效关键字	安神／助眠／平衡／降血压／愈合／淡斑疤／烫伤／驱蚊
刺激度	极低度刺激性
保存期限	至少保存两年
注意事项	有低血压病史者需注意使用

在许多人的印象中，薰衣草与“芳疗”“香水”可以画等号。

这种在欧洲最常见的香草植物，也因为它的香气大方宜人，成分又具有广泛的保健药用价值，早就被大量用于各种药草配方中，香水也不例外。

最早的香水或香料的配方，就是以薰衣草为配方，在中古世纪的欧洲，广泛地被使用，不过很好玩的是，因为它的香气实在太动人了，在当时极为保守的欧洲来看，这简直是大逆不道！（为什么这种味道会让人神魂颠倒呢？这肯定是亵渎的！）于是当时甚至出现“严禁使用香水香料，或任何会使人心神不定的物品”。

大惊小怪的古人，最后当然还是不敌香草植物自然的魅力，终于在整个社会的压力

↑薰衣草不会浓到抢味，也不会淡到消失，在你感受调和的精油香水时，一阵一阵的主气味背后，薰衣草负责背景烘托。

下，开放这种令人疯狂的气质装饰了。

薰衣草其实是有非常宽广的层次香气的。一般来说，它的前味会带些草味，某些对气味地图不熟悉的人，会说它的前味是“樟脑味”，因为薰衣草的成分中，也的确有些与樟脑类似，这种说法并没有错，不过它的中味应该可以表现出“薰衣草醇”这种主要的香调，这时你会有清新而爽朗的感受。

市面上大多数的薰衣草香精其实都是模拟合成“薰衣草醇”的味道，所以如果你是薰衣草迷，但偏偏接触了很多薰衣草香精，你也会很熟悉薰衣草醇的气味。不过天然薰衣草精油最珍贵的是“薰衣草酯”，它独特的甜香味就是我把薰衣草归类为花香系列的真正原因，也是高品质薰衣草精油最珍贵的成分。那是一种甜甜的但不腻人的花香，如果你眼前能看到一株盛开的薰衣草花束，你

薰衣草精油

薰衣草精油是一种甜甜的但不腻人的花香，如果你眼前能看到一株盛开的薰衣草花束，你可能更能掌握这种迷人甜香的由来，脑海中最好能联想到紫色，那种淡雅的“薰衣草紫”。

可能更能掌握这种迷人甜香的由来，脑海中最好能联想到紫色，那种淡雅的“薰衣草紫”。

因为这是我介绍的第一种精油香气，所以我尝试用最通俗的说法让你了解，不过也请记住：对气味的感受其实每个人都不同，我已经尽量尝试客观了，毕竟我从事芳疗专业多年，也有上万次的操作练习经验。对于“精油气味”这个主题，你要理解，它是活的东西，会变化的，会和你的大脑反应的，把精油气味当作一个朋友，接触的越久，你才能越熟悉，也才能更有创意灵感。

薰衣草适合作为前味与中味，只要剂量得当，你可以在中味中就发挥出它的花香。薰衣草的花香永不嫌浓郁，它也很适合和其他的精油搭配，当你把一个主题香水的配方都想完了，一时间不知道该用什么香气来填补时，就用薰衣草吧！不会出错的，我有时候甚至就用它来做最佳配角：例如我曾想好好地发挥玫瑰的香气，就拿玫瑰为主，搭配薰衣草，就这么简单而有效地完成一瓶玫瑰主题香水。

↑薰衣草是欧洲最常见的香草植物，也因为它的香气大方宜人，成分又具有广泛的保健价值，早就被大量用于各种药草配方中，香水也不例外。

薰衣草不会浓到抢味，也不会淡到消失，在你感受调和的精油香水时，一阵一阵的主气味背后，薰衣草负责背景烘托，因此，它是我最爱用的配角精油之一（另一种是花梨木）。

薰衣草精油作为香水配方的使用时机

† 想调出一种友善的氛围，乐于交际与认识新朋友的氛围，例如参加一场熟人不多的聚会。
† 作为夜间的香味，希望有放松、舒适、居家、南法普罗旺斯风格的香氛。
† 不想用太多花香，但还是想表达温柔的调性。
† 出游时的轻香水配方。
† 最棒的居家生活香水配方。

薰衣草主题精油香水配方

如何以薰衣草精油的香味为主题，好好地来一次香水调配之旅，彻底释放出薰衣草最迷人的香味。首先还是用纯的薰衣草精油来调第一款配方：

↑薰衣草适合作为精油香水的前味与中味，只要剂量得当，你可以在中味就发挥出它的花香。

配方 A 薰衣草精油3毫升＋香水酒精5毫升

放置一天后试香，薰衣草精油的香味用香水酒精稀释后变得更甜一些，前味的草香味会多一些酸香草味，很迷人，中后味虽然有但还是略嫌不足，所以可以用配方B改良一下。因为薰衣草精油本身就有不错的中后味，只是不明显，所以我们可以只另外添加一种精油就可以了。

配方 B 配方A＋蒸馏茉莉精油5滴

因为薰衣草精油其实中后味是够的，所以只要用一点茉莉就可以强化得很好了。这样后味会更有花香的甜蜜味，持久度更好。这款配方已经可以非常棒的展现薰衣草香味了。

配方第3号

爱上薰衣草

薰衣草精油3毫升＋蒸馏茉莉精油5滴＋香水酒精5毫升

如果你还想让薰衣草精油主题香水有更多变化，可以在消耗掉一些之后补充薰衣草精油，也可以参考下面的选项来补充：

- 补充1毫升的香水酒精，让香味更淡雅些。
- 补充苦橙叶精油，就是经典的欧洲古香水版本。
- 补充乳香精油，后味会更持久且更有深度。
- 补充果类精油，可以让香味更受欢迎。
- 补充香茅精油，可以让香味更厚实。
- 补充雪松精油，香气会更饱和。
- 补充冷杉或松针精油，是不错的中性香水。
- 补充依兰精油，很适合卧房氛围。
- 补充尤加利精油，这也是中性香水，还适合做运动香水。
- 补充茴香精油，多一点异国情调。
- 补充香蜂草精油，香味会更迷人且灵活，让你多些创意！
- 补充丝柏精油，香味会变得清新。
- 补充洋甘菊精油，瞬间香味升级变得超甜美温馨。
- 补充橙花精油，会让香味多一些气质。
- 补充花梨木精油，香味会变得婉转多变。或是补充其他你喜欢的精油，并无禁忌。

欧洲古法的薰衣草香水配方

如果你迷恋薰衣草香味，到了想要调配一瓶以薰衣草为主调的香水，我会告诉你，你不是第一个这样想的人！事实上，在中古时代的欧洲，早就有一种薰衣草为主调的香水，而且，非常受欢迎！

你一定很好奇，这款中古时代风靡欧洲的薰衣草香水，秘方如下：

配方第4号

欧洲古法薰衣草香水

薰衣草精油8毫升＋苦橙叶精油2毫升＋
广藿香精油1毫升＋依兰精油1毫升＋
香水酒精8毫升

就这样，全部调配在一起，混匀后放置一天，你就可以得到一瓶古法调配的薰衣草香水了！

以薰衣草为配方的知名香水

Jennifer Lopez My Glow
詹妮弗·洛佩兹女性光辉淡香水

（知名艺人詹妮弗·洛佩兹自创品牌2009年新香水）

香调——柔美花香调

主成分——小苍兰、睡莲、薰衣草、白玫瑰、牡丹、檀木、麝香、缬草

CK be
中性淡香水

（Calvin Klein畅销十年的CK be中性淡香水，柳井爱子、SHINOBU、AIKO、凯特·摩丝爱用！）

香调——清新柑橘调

主成分——杜松果、豆蔻果、柑橘、薄荷、薰衣草、玉兰花、绿茶、白麝香、金合欢

Sarah Jessica Parker Lovely
《欲望城市》主角莎拉·杰西卡·帕克女性淡香精

（来自莎拉·杰西卡·帕克的第一款Lovely香水，柔美气息深获都会女子的拥戴，美国热门剧集《欲望城市》凯莉的味道！）

香调——柔美花香调

主成分——佛手柑、花梨木、柑橘、薰衣草、马丁尼、白水仙、广藿香、兰花、木质香、香柏木、龙涎香、麝香

配方第5号

我的欲望城市

薰衣草精油2毫升＋佛手柑精油0.5毫升＋
甜橙精油0.5毫升＋岩兰草精油1毫升＋
广藿香精油0.5毫升＋花梨木精油0.5毫升＋
香水酒精5毫升

橙花

永远的贵族气质

中文名称
橙花
英文名称
Neroli
拉丁学名
Citrus aurantium bigarade

重点字	贵族
魔法元素	天
触发能量	意志力
科别	芸香科
气味描述	带点苦味、药味的百合花香味，具有阳光及安抚的气质
香味类别	幽香／媚香／吲哚香
萃取方式	蒸馏
萃取部位	花
主要成分	沉香醇（Linalool）、乙酸沉香酯（Linalyl acetate）
香调	前—中—后味
功效关键字	抗老／迷人／优雅／贵族／活化／护肤
刺激度	中度刺激性
保存期限	至少保存两年
注意事项	怀孕期间宜小心使用

从有历史记载以来，橙花就和“贵族气质”脱不了关系。

Neroli其实原来是欧洲一个公主的名字，因为她太爱橙花了，喜欢用它来装扮自己，久而久之，Neroli也成了橙花的代名词。用现在的观点来看，可以说那位“橙花公主”，是把橙花推向上流社会的重要功臣。

橙花精油的热爱者还有法国国王路易十五的情妇彭派德尔夫人。那时，凡尔赛宫被称作“芳香宫殿”，出席凡尔赛宫舞会的名媛淑女们，都必须以个人独特的香味来表达自己的个性和品位。当彭派德尔夫人将橙花精油作为香水使用出席时，再一次的带动了橙花精油的独领风骚。

不单是“橙花公主”这些欧洲宫廷贵族，任何闻过橙花的调香师应该也很难忘怀这种独特的香味，结合了橙的甜美与花的芳香。橙花不像甜橙那样单纯的天真，而更耐闻，当你的鼻遇到橙花时，就像是一种历程：恋爱中的人会把这种酸酸甜甜的感觉形容为爱情的滋味，有过一段社会历练的熟龄男女会把这种收敛却又不失风采的感觉定位为成熟，橙花的气质与贵族定位，其实是很自然的。

橙花除了是最早作为香水配方的材料，也是最广泛应用于现在各大品牌的配方。从香奈尔到雅顿，从青年男女的到熟龄贵妇，橙花可以说是最普遍也最多为调香师采用的香气来源。所以当你闻到橙花的气味时，应该会有似曾相识的感觉，也会恍然大悟：“喔！原来这就是我最喜欢某款香水的原因。”

橙花一般都作为前味与中味，天然的橙花精油其实有非常漂亮的后味，只可惜习惯使用化学合成的香水无法发挥这个特点。如果你真的很喜欢橙花独特的香味，可以给自己出一道题：以橙花为主调，调一瓶橙花主题香水，那时你就可以好好练习如何凸显它的后味了。

↑Neroli其实原来是欧洲一个公主的名字，因为她太爱橙花了，喜欢用它来装扮自己，久而久之，Neroli也成了橙花的代名词。

↑法国国王路易十五的情妇彭派德尔夫人出席凡尔赛宫的舞会时，都用橙花精油作为香水，带动风潮。

橙花精油作为香水配方的使用时机

† 橙花是一种完全能表达高贵气息的香氛，如果你想给初次见面的人“高贵气质”的印象，推荐使用。

橙花精油 | 橙花一般都作为前味与中味，天然的橙花精油其实有非常漂亮的后味，只可惜习惯使用化学合成的香水无法发挥这个特点。

↑橙花除了是最早作为香水配方的材料，也是最广泛应用于现在各大品牌香水的配方。

† 橙花适合秋季与冬季香水的配方使用。

† 橙花香味能让你性感迷人但又有亲切感，很适合在初次约会或相亲时使用。

† 橙花非常适合四十岁以上熟女作为常用香。能把年龄对你的影响转化为内涵与气质。

橙花主题精油香水配方

如何以橙花精油的香味作为主题，释放出橙花最迷人的香味？首先还是用纯的橙花精油来调第一种配方：

配方 A　橙花精油1毫升+香水酒精6毫升

至少放置半天后再试香，好让橙花的香味在酒精中释放得更彻底些。只用橙花精油就是为了让你全然的享受与品尝橙花的特有香味，从前味到中味，都不会让你失望。大概两小时后留下的后味，就是橙花那种特有的气质香味了。

我们曾在多次品香大会现场询问参与者的意见，同时试闻与比较橙花、苦橙叶、甜橙三种精油的气味，而且是盲测，也就是三种精油都不标示名称，纯粹让大家闻香比

→橙花是一种完全能表达高贵气息的香氛，如果你想给初次见面的人“高贵气质”的印象，推荐使用。

较，结果一致公认某种香味“最有气质”，而这就是橙花精油。

但是只用橙花精油有点奢侈，毕竟这是比较贵的精油，所以为了承续其香味系统并降低成本，你可以在配方B中加入些苦橙叶精油，以及乳香精油。

配方 B 配方A＋乳香精油1毫升＋苦橙叶精油1毫升＋香水酒精1毫升

苦橙叶用来补充橙花的主香味，也就是那种酸香，而乳香则是在后味补充，并稳定橙花原本就有的花香使其更持久。这样的配方不但能完全表现出橙花的特征，还有更好的留香程度。

配方第6号

爱上橙花

橙花精油1毫升＋乳香精油1毫升＋
苦橙叶精油1毫升＋香水酒精7毫升

在使用后如想调整香味，这款配方的推荐补充如下：

- 补1毫升香水酒精，让香味更淡雅些。
- 补充苦橙叶精油，虽能延续橙花的香味，但是如此可能会有点喧宾夺主。
- 补充乳香精油，后味会更持久且更有深度。
- 补充薰衣草精油，香味会有温和的花香感。
- 补充迷迭香精油，表达出类似海洋风的自然气息。
- 补充岩兰草精油，可以更有气质与稳定感。
- 补充依兰精油，让气味更妩媚。
- 补充茴香精油，多一点异国情调。

- 补充檀香精油，把尊贵感拉升至更高的层次，且后味甜美度更高。
- 补充香蜂草精油，香味会更迷人且灵活。这是很高明的手法，因为是让香蜂草精油表达出柠檬般的花香，而让橙花精油表达出橙类的花香！
- 补充花梨木精油，香味会变得婉转多变。
- 补充肉桂精油，会让香味更成熟些。
- 补充玫瑰天竺葵精油，走百花绽放的路线。

以橙花为配方的知名香水

PRADA Infusion D'Iris
普拉达经典鸢尾花女士淡香水

香调——馥郁花香调
前味——西西里柑橘、橙花
中味——鸢尾花
后味——鸢尾花木

Prada的调香大师Daniela Andrier很喜欢橙花，在另一个经典系列“Olfactories珍藏系列香水”的第一瓶“紫雨（Purple Rain）”，就是以橙花作为前味开场的。该系列第二瓶日光倾城（Nue Au Soleil）又是以橙花作为主调，要知道这个系列全部单价都在2400元人民币以上，可见其奢华。

BVLGARI Omnia Crystalline
宝格丽亚洲典藏版女性淡香水

香调——水生花香调
前味——竹子、佛手柑、香柠、蜜柑、橙花醇、丰山水梨
中味——山百合、白牡丹、莲花
后味——琥珀、热带伐木、檀香、麝香

配方第7号

橙花奢华绽开时

橙花精油2毫升＋玫瑰原精0.5毫升＋檀香精油0.5毫升＋乳香精油1毫升＋佛手柑精油1毫升＋香水酒精5毫升

玫瑰天竺葵

有厚度也有温柔

†

中文名称

玫瑰天竺葵

英文名称

Rose Geranium

拉丁学名

Pelargonium roseum

重点字	温暖
魔法元素	土
触发能量	执行力
科别	牻牛儿科
气味描述	前味带有玫瑰气味，中味有薄荷的穿透力以及厚重的花香粉味
香味类别	暖香／粉香
萃取方式	蒸馏
萃取部位	花、叶
主要成分	香茅醇（Citronellol）、甲酸香茅酯（Citronellyl formate）、橙花醇（Nerol）
香调	前—中—后味
功效关键字	女性／温暖／滋润／活血／温情
刺激度	中度刺激性
保存期限	至少保存两年
注意事项	怀孕初期避免

如果能掌握天竺葵的所谓“厚度”与“温柔”，你才称得上是善用天竺葵的调香师。

最知名的天竺葵有两种：一种是留尼汪岛产的天竺葵，一种是法国产的玫瑰天竺葵。前者的气味厚度比较强，后者的温柔度比较高。

在此我有必要说明何谓“厚度”与“温柔”。

你要知道，天竺葵有两种主要成分比例与玫瑰类似：香茅醇与牻牛儿醇，这也是市面上会常有商家拿天竺葵精油冒充玫瑰精油来贩卖的原因：天竺葵精油的价格约只有玫瑰精油的十分之一，而一般大众闻到天竺葵的花香味就以为玫瑰就是这样……

香茅醇就是我所谓的“厚度”，而牻牛

儿醇能提供“温柔”。

厚度是表达这种气味能提供持续的草香味，如果能有视觉对比，很像一堆厚厚的稻草，暴晒在阳光下所散发出那种厚实的香味。而温柔指的是多变的花香，这就像你跑到一个花园中打滚嬉戏，并且在你的衣服、发肤上会留下的婉转香气。

所以留尼汪天竺葵更趋近于草本味，而玫瑰天竺葵的品种改良更贴近玫瑰的花香，才会有这两个明显的区分。

这种厚度与温柔，在你调香时，可以“大胆”的作为“助攻”。为何“大胆”？因为它能提供只有玫瑰才能提供的独特风味，而成本却只有玫瑰的十分之一。为何“助攻”？因为用来搭配其他精油，就会有意想不到的效果。例如天竺葵的厚度与清新的香蜂草、迷迭香调和，让灵活的气味有了依靠，而这种花香与温柔搭配依兰、苦橙叶也会有复杂多变的婉转性与趣味。

当然，更多的调配，有待你实际体会才能感受。

天竺葵精油作为香水配方的使用时机

† 天竺葵精油最能充分表达温柔与温暖的香味，所以很适合冬季使用。

† 天竺葵也是非常适合轻熟女、冻龄妈妈使用的香味。

† 有抚慰、安抚、愈合情绪创伤的作用，适合作为情伤后调整自己情绪的香水。

† 上班族作为例行常用的香水配方，天竺葵有可信任、可亲近的氛围暗示，让你工作环境与人相处都会更愉快，也算是“防小人”的香氛。

† 如果你喜欢用玫瑰精油调香，又怕用得太快负担不起，把玫瑰和天竺葵调配使用，能延长玫瑰主调的香气。

玫瑰天竺葵主题精油香水配方

玫瑰天竺葵精油3毫升 +
香水酒精6毫升

这里我们用玫瑰天竺葵，是因为就香味来说，玫瑰天竺葵可以说是最平衡，也是最标准、最好用的天竺葵品种。

配方A可以完整感受玫瑰天竺葵的香气，那种玫瑰花开的前味以及随之而来的温暖中后味，光是单纯欣赏玫瑰天竺葵的香气都是美好的。

可能略感不足的在后味的部分，因此配方B可以对后味再补充点温暖底香：

天竺葵精油 | 天竺葵精油最能充分表达温柔与温暖的香味，所以很适合冬季使用。天竺葵也是非常适合轻熟女、冻龄妈妈使用的香味。

配方 B　配方A + 肉桂精油1毫升

这个配方的好处是不会干扰天竺葵原有的前中味花香，而在后味保留更多的温暖感，让香味的享受是连续的。

配方第8号

爱上玫瑰天竺葵

玫瑰天竺葵精油3毫升 + 肉桂精油1毫升 + 香水酒精6毫升

在使用过后如想调整香味，这款配方的推荐补充如下：

- 补充肉桂精油，会让香味温暖度更深层。
- 补充岩兰草精油，让后味不会太甜而有踏实感。
- 补充芳樟叶精油，气味变化性更强，敏感者可能会头晕。
- 补充檀香精油，增添后味的能量，留下完美的尾香。
- 补充甜橙精油，增加天真活泼与阳光正能量。

↑天竺葵拥有厚度与温柔，所以在调香时，可以“大胆”的作为“助攻”。因为它能提供只有玫瑰才能提供的独特风味，而成本却只有玫瑰的十分之一。

- 补充杜松莓精油，增加中性的缓冲，以及不愠不火的中味。
- 补充广藿香精油，会在后味给人熟悉感，香味与情感的结合更深。
- 补充安息香精油，增加香草般的甜美感。
- 补充丁香精油，增加涩香与辛香味，会让配方更有深度。
- 补充没药精油，增加甜美的药草香。
- 补充乳香精油，也是很好的后味选择。
- 补充果类精油，可以让香味更受欢迎。
- 补充香茅精油，可以让香味更厚实。香茅和玫瑰天竺葵非常搭配，非常推荐。
- 补充雪松精油，香气会更饱和。
- 补充冷杉或松针精油，是不错的中性香水。
- 补充依兰精油，肯定是女生的最爱。

以天竺葵为配方的知名香水

Hugo Boss XY
情窦初开男性淡香水

香调——草香清新调

前味——佛手柑、洋梨树叶、香橼

中味——碎冰、薄荷、罗勒

后味——天竺葵、雪松、广藿香

ANNA SUI Rock Me Summer of Love
安娜苏摇滚夏日之爱淡香水

（小甜甜布兰妮的最爱）

香调——水生花香调

前味——天竺葵、佛手柑、神香草

中味——小苍兰、白桃、睡莲

后味——龙涎香、檀香木、麝香玫瑰

依兰

华丽芳香的定香

中文名称
依兰
英文名称
Ylang Ylang
拉丁学名
Cananga odorata

重点字	浪漫
魔法元素	水
触发能量	交际力
科别	番荔枝科
气味描述	甜美热情的花香
香味类别	浓香／媚香
萃取方式	蒸馏
萃取部位	花
主要成分	β–荜澄茄油烯（β–Cubebene）、香柑油烯（α–Bergamotene）
香调	前—中—后味
功效关键字	浪漫／女性／热情／异性缘／活力／丰满
刺激度	中度刺激性
保存期限	至少保存两年
注意事项	怀孕期间宜小心使用

只要是想调成花香调的香水，用于定香的后味用依兰就对了。

依兰又称为“香水树”，可以说是芳疗精油中最典型的“香水”香味，不同的是，因为提炼层次的不同，依兰从特级、一级到二级品质，呈现出来的香味也不一样。唯有特级依兰才能有饱和而丰富的香气，如果到了二级，或是用其他劣质品种来混充的依兰精油，可能会给你一种“廉价肥皂味”，感受就差很多了。

依兰的香味是那么的直接，在我主持过多场芳疗讲座中，每一次在传递闻过各种精油试香纸后，试闻依兰精油时，总会出现“戏剧性”的效果：有些人猛一闻，会发现它的香度超强，而被吓一跳；有的则非常喜欢它的香度；有的则会因为香度太强表示不

↑在东南亚的习俗中，新婚洞房的床上必定洒满依兰的花瓣，用依兰泡澡也是贵族公主们保持迷人的秘密武器。

能接受……他们不知道的是，光是传递依兰的试香纸，就足以让演讲大厅的空间中飘荡着淡雅的香味。而如果请大家来试做一瓶精油香水，绝大多数的人还是会挑选依兰作为香味的一部分。

依兰的香味是非常饱和的甜香与花香，香气隐约有发酵后的味道，这是所有具有“挑情”性质香水的特征，给人一种奢靡感。而强劲的香味很容易主宰香水配方成为著名的中后味，拿来作为花香、果香类香水的定香剂是个不会出错的选择。

依兰作为调情与浪漫的象征有其来源，在东南亚的习俗中，新婚洞房的床上必定洒满依兰的花瓣，用依兰泡澡也是贵族公主们保持迷人的秘密武器。

依兰精油作为香水配方的使用时机

† 充分展现女性妩媚，表达性感的首选。

† 依兰也有异国情调与东方美的暗示，同时也有热情的氛围，如果你想来一段异国恋或成为聚会的焦点，依兰肯定能让你达成心愿。

† 依兰香味与茉莉为同系统，所以可以互相搭配使用，但建议整款配方中要有木香作为陪衬，后味也不宜过于香甜，可以用些土木香如广藿香、岩兰草之类的精油收尾，以免太过夸浮，引人侧目。

† 要注意依兰香太浓烈容易使人发晕，所以除非你就是要高调，不然依兰可作为搭配性的香味。当然如果是你的新婚之夜，你就是主角，那就高调吧！

依兰主题精油香水配方

配方	A	依兰精油2毫升＋香水酒精5毫升

依兰精油 | 香味是非常饱和的甜香与花香，香气隐约有发酵后的味道，这是所有具有“挑情”性质香水的特征，给人一种奢靡感。

先用这样的比例来纯粹地感受一下依兰野性不受拘束的性感香味吧！号称香水树的依兰，香系与黄玉兰、玉兰花……都是同样的浓香系列，光是鲜花本身就有足够的香味，何况是精油？比较保守的人可能初闻会有点惊讶，怎么这么浓艳？不过当香味散发出来后，自然会有种百花盛开花香扑鼻的喜悦。

当然我们也要修正一下，更多些气质，在配方B中建议你这样处理：

配方 B	配方A + 广藿香精油1毫升 + 岩兰草精油1毫升 + 香水酒精1毫升

广藿香和岩兰草，就像两位严谨的修女一左一右地把依兰这个淘气公主管得服服帖帖，所以还是保留依兰浓艳的前味，但是中后味就能收敛并搭配沉静气质，让香味耐闻许多。

配方第9号

爱上依兰

依兰精油2毫升 + 广藿香精油1毫升 + 岩兰草精油1毫升 + 香水酒精6毫升

在使用过后如想调整香味，这款配方的推荐补充如下：

- 补充乳香精油，也是很好的后味选择。
- 补充肉桂精油，会让香味温暖度更深层。
- 补充甜橙精油，会让香味更年轻更有活力。
- 补充杜松莓精油，增加中性的缓冲，以及不愠不火的中味。
- 补充丁香精油，这是另一种提供深度的配方。
- 补充冷杉或松针精油，稍稍中和太突出的花香而中性与感性一点。
- 补充薰衣草精油，百搭且让香味更耐闻。
- 补充黑胡椒精油，这会让香味更有成熟韵味。
- 补充茉莉精油，更妩媚动人。

以依兰为配方的知名香水

ISSEY MIYAKE
三宅一生——气息女性淡香水

香调——清绿花香调
前味——茉莉
中味——白松香、牡丹、依兰、玫瑰、风信子、蜜桃
后味——青苔、琥珀、广藿香

↑依兰又称为“香水树”，可以说是芳疗精油中最典型的“香水”香味。

洋甘菊

洋溢幸福感觉的苹果香

†

中文名称

洋甘菊

英文名称

Chamomile Roman

拉丁学名

Anthemis nobilis

重点字	舒敏
魔法元素	金
触发能量	沟通力
科别	菊科
气味描述	浓郁的甜苹果香，丰富多变，尾味有标准的甘菊草味
香味类别	蜜香／浓香
萃取方式	蒸馏
萃取部位	花
主要成分	异丙基-3-甲基-2-丁烯酸乙酯、草酸，环己基丙基酯、天蓝烃含量需达6%以上
香调	前—中—后味
功效关键字	抗敏／消炎／抚慰／招财／爱情／育婴
刺激度	极低度刺激性
保存期限	至少保存两年
注意事项	怀孕初期避免

幸福是什么？虽然有不同的定义，不同的认知，但是相信，如果能沉溺在一种甜蜜、温暖、愉快、被呵护的氛围中，那滋味肯定很幸福，这也就是洋甘菊的芬芳。

有人说洋甘菊有一种甜苹果味，倒也没错！与依兰一样洋甘菊有一种发酵香味，说是苹果，描述得再深入一点应该是苹果蜜甚至苹果酒，香味浓得化不开，但是不至于让人腻。当洋甘菊成为香水配方时，立刻就会对周遭施展“幸福魔法”。

洋甘菊有很强的甜美前味与中味，但是能给予香水花草香的后味，这是它甜而不腻的秘诀。使用洋甘菊有一个要注意的就是：它是有“强势转化”能力的精油。也就是说，虽然配方中它的比例不高，但是你会非常明显地闻到它，而把别的精油香味盖过。

↑如果能沉溺在一种甜蜜、温暖、愉快、被呵护的氛围中，那滋味肯定很幸福，这就是洋甘菊的芬芳。

所以在使用上要特别注意配方比例问题，你可以很容易用洋甘菊搭配其他的精油调出百花香，也可以单独以洋甘菊为主味，然后想办法调入另一个特别但能辅助的配方，这样会出现若隐若现的趣味。

还有另一种德国洋甘菊，芳疗的效果比罗马洋甘菊更强更好，但是气味就偏药草味了，不适合拿来调香。正确的洋甘菊精油颜色应该是蓝色或绿色，黄色与淡黄色的洋甘菊精油，就不是好品质了。

洋甘菊精油作为香水配方的使用时机

† 洋甘菊精油的香味非常受欢迎，所以要提醒你的是，不要因为太喜欢而过度使用，要有变化，我知道有人只用洋甘菊精油作为唯一的香味配方。

† 当然因为洋甘菊另一个特色：容易把别的

洋甘菊精油 | 洋甘菊精油有很强的甜美前味与中味，但是能给予花草香的后味，这是它甜而不腻的秘诀。

香味转化为它的香味，所以使用时的比例也要控制好。

† 洋甘菊精油甜美幸福的特征，可以作为宝宝香水或是婴儿房的香氛，让你的宝贝在潜意识中就能获得幸福、满足和快乐，这对健全宝贝的人格有非常棒的助益。

† 作为随身香水，洋甘菊精油适合表达活力、乐观、知足，并感染身边的人，因此洋甘菊是很棒的团队激励氛围。

† 洋甘菊精油也适合老师、教练等需要协助、改善别人的需求，正如洋甘菊在花园里就是“照顾别的花草的健康”一样。

洋甘菊主题精油香水配方

配方	A	洋甘菊精油1毫升＋ 香水酒精6毫升

初闻这款配方，你就会马上懂，为什么有人只用洋甘菊作为唯一的香水配方，因为洋甘菊“太完美”了。

洋甘菊精油的香味不但饱满而且多变，从前味到中味再到后味，洋甘菊精油都有很好且很明显的表现。简单地说，它具备一款成熟的香水配方所需要的一切，也不需要什么修正，那配方B该怎么处理呢？

↑德国洋甘菊的芳疗效果比罗马洋甘菊更强更好，但是气味就偏重药草味了，不适合拿来调香。

配方	B

配方A＋洋甘菊精油1毫升＋薰衣草精油2毫升

继续加强洋甘菊精油，再把它的“好闺密”薰衣草精油加进来，试试洋甘菊的转化能力。

果然，以这两种精油为主成分，洋甘菊的香味还是很强势的，会作为主导，但是有了薰衣草的帮衬，香味就有了打底，更显灵活而耐闻。

配方第10号

爱上洋甘菊

洋甘菊精油2毫升＋薰衣草精油2毫升＋香水酒精6毫升

虽然洋甘菊精油本身的香味足以让你玩味许久，在使用过后如想调整香味，还是可以做些变化，推荐补充如下：

- 补充乳香精油，会让后味更多些深度。
- 补充葡萄柚精油，就是非常成功的社交香水，让你在朋友圈广受欢迎。
- 补充檀香精油，香味与能量都能达到最高标准，气质非凡。
- 补充玫瑰天竺葵精油，有特色的女人香。
- 补充花梨木精油，有很好的香味辅助与搭配。
- 补充苦橙叶精油，让原来的甜美花香韵味多带些涩香。
- 补充没药精油，后味更饱和且让人魂牵梦萦。

↑洋甘菊精油的另一个特色是，容易把别的香味转化为它的香味，所以使用时的比例也要控制好。

↑洋甘菊精油甜美幸福的特征，可以作为宝宝香水或是婴儿房的香氛，让宝贝在潜意识中就能获得幸福、满足和快乐。

以洋甘菊为配方的知名香水

Les Parfums de Rosine
玫瑰心女性淡香水

香调——玫瑰花香调

前味——乙醛花香调、酒香调、黑醋栗、绿草玫瑰香调、德国洋甘菊

中味——土耳其玫瑰、野玫瑰、黑莓、覆盆莓叶

后味——岩兰草、鸢尾花、檀香

Bvlgari Petits et Mamans 宝格丽甜蜜宝贝中性淡香水

香调——清新花香调

前味——巴西花梨木、西西里佛手柑、柑橘

中味——洋甘菊、向日葵、野玫瑰

后味——白桃、佛罗伦萨鸢尾花、香草

配方第11号

顶级女人香

洋甘菊精油2毫升+玫瑰原精0.5毫升+没药精油0.5毫升+玫瑰天竺葵精油1毫升+花梨木精油1毫升+香水酒精5毫升

香水界很喜欢玫瑰与洋甘菊的搭配，凸显华贵气质。的确，洋甘菊多元全面的美感也只有玫瑰花香才能驾驭，用玫瑰原精的目的就是希望在前味不掩盖洋甘菊的香气，而在中味之后，凸显出玫瑰饱和丰富且自信的醇香感，这款配方才显得贵气但不逼人，自信但不夸浮，但它难以忘却的特殊尊贵感肯定会给人留下深刻印象。

↑洋甘菊的香味不但饱满且多变，从前味到中味再到后味，洋甘菊都有很好的且很明显的表现。

玫瑰

香水之后 绝代风华

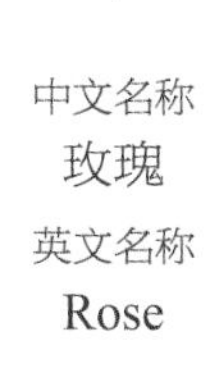

中文名称
玫瑰
英文名称
Rose
拉丁学名
Rosa damascena

重点字	精油之后
魔法元素	水
触发能量	交际力
科别	蔷薇科
气味描述	香气复杂丰富，呈现花香系粉香系的顶级感受
香味类别	蜜香／幽香／暖香／粉香／媚香
萃取方式	酯吸
萃取部位	花
主要成分	香茅醇（Citronellol）、橙花醇（Nerol）
香调	前—中—后味
功效关键字	美白／滋润／抗老／生理／抚慰／平衡
刺激度	低度刺激性
保存期限	至少保存两年
注意事项	酯吸法黏稠度较高

终需提到玫瑰的，毕竟它是“精油之后”，当然也是“香水之后”。假如你深深恋上那股精致、温暖、丰富多元的花香，又沉溺于那种极致的奢华满足感，你一定不能错过精油中的顶级华丽风——玫瑰。

大自然的花朵，从植物幼苗，经过土壤、空气和水的滋养，才能长大成熟，而玫瑰更是大自然中的杰作，不但花型独特，香味更是一绝。玫瑰自古以来在人类的历史中担任着“爱情代言人”的角色是有其道理的，从埃及艳后便懂得利用玫瑰花香作为自己掌握权力及男人的助力。玫瑰不但可以催情，还有令人折服的本领，它可使思想灵动与纯洁，是一种灵性颇高的精油。

将玫瑰精油涂抹在手掌及手腕，可以增加正能量，如果你因哀伤、愤怒而表现出情绪忧郁、阴霾时，可以借由玫瑰所散发出的气味，增加自信与增进人际关系的和谐。对于未婚者可以增加异性缘；对于从事媒体、公关、名人、公众人物来说也可以招揽人气，受人爱戴。

玫瑰属于蔷薇科落叶灌木，茎上多刺，每一株有5～7枚的复叶小叶，夏天开花清新芳香。玫瑰主要用于提取精油、制作化妆品、烹调、入药。全世界可以提炼精油的玫瑰品种约有上百种，但目前市场上主流的玫瑰精油品种，仍以大马士革玫瑰为主，花色主要为粉红色。大马士革玫瑰目前在保加利亚、法国、土耳其、摩洛哥皆有栽种，精油有脂吸法及蒸馏法两种萃取方式，萃取自花瓣。

所谓“玫瑰原精”（ROSE ABS），ABS是absolute的缩写，专指溶剂萃取法所得的

↑粉红色和重瓣是保加利亚玫瑰最明显的特征。

↑玫瑰自古以来就是爱情的象征。

玫瑰精油。通常颜色为黄色、橘色到橘红色，因为是将整朵玫瑰花用溶剂提取香气后分离得到精油，所以才有此色。

所谓“奥图玫瑰精油”（ROSE OTTO），奥图是OTTO的音译，专指蒸馏法萃取的精油，颜色为淡黄色。超过3500倍的萃取比例，也就是3500千克的玫瑰花朵才能提炼出1千克的奥图玫瑰精油，产量更稀有珍贵。

这两种玫瑰精油，香气各有特点，都可以作为香水的灵感来源，并且搭配出非常多变的香气配方。

奥图玫瑰精油 | 3500千克的玫瑰花朵才能提炼出1千克的奥图玫瑰精油，所以产量更稀有珍贵。

玫瑰香气温暖香甜，浓郁而纤细，内敛却又有不可亵渎的优雅气质，一点也不抢占你的嗅觉，却可以打开你全身的神经细胞，调动你体内的内分泌系统，让心中沉郁已久的渴望完全展现，可以激发你对美的向往与激励自信。

天然玫瑰精油能带给你尊贵与独特，玫瑰当然是精油香水配方首选。不管你是想表达完美的香气，还是对爱情无保留的歌颂，甚至只是想略带傲慢的展现你独特的个人气质与魅力，玫瑰都是首选。

玫瑰精油作为香水配方的使用时机

† 玫瑰原精（酯吸法）的香味饱满、多变，适合作为香水配方的主角，加上其他修饰用的精油配角，调配以玫瑰为主题的香水，那就是华丽、性感、完美的女性表征。

† 奥图玫瑰精油（蒸馏法）有极强大的纯化与磁场能量，适合与其他同等级的珍贵精油，如檀香、茉莉、桂花等精油调配顶级香水，共同展现极致高贵。

→不管你是想表达完美的香气，还是对爱情无保留的歌颂，甚至只是想略带傲慢的展现你独特的个人气质与魅力，玫瑰精油香水都是首选。

↑假如你深深恋上那股精致、温暖、丰富多元的花香，又沉溺于那种极致的奢华满足感，你一定不能错过精油中的顶级华丽风——玫瑰。

玫瑰原精主题精油香水配方

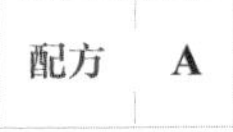

配方 A 玫瑰原精1毫升+香水酒精6毫升

玫瑰原精的香味以复杂且持久著称，因此充分用香水酒精稀释后，并放置足够的时间，才能把香味展开。这款配方至少要放置一整天才能得到比较均匀且立体的香味呈现。

配方 B 配方A+天竺葵精油1毫升

善用“穷人玫瑰”天竺葵，可以把玫瑰花香发挥得更淋漓尽致，并在前中后味中，都有强化。因此你可以添加至少1毫升的天竺葵（最好是玫瑰天竺葵）精油，就可以将香氛效果最大化。

配方第12号

爱上玫瑰

玫瑰原精1毫升+玫瑰天竺葵精油1毫升+香水酒精6毫升

如果你想试试奥图玫瑰精油的威力，也可以加在这款配方里。奥图玫瑰精油是那种从前味到中味后味，都能保持一贯高水准香氛气质的超级精油，只要你用得起，它不会让你失望。

如果你想在这款配方中加入更多的变化，可以参考如下：

- 补充檀香精油，香味与能量都能达到最顶标。
- 补充奥图玫瑰精油，共同酿造出世间最顶级的玫瑰花香之魂。
- 补充小花茉莉精油，让精油之王与精油之后共谱皇家尊贵。
- 补充花梨木精油，让又称玫瑰木的花梨木也加入玫瑰家族。
- 补充薰衣草精油，可修饰香味更多些变化。
- 补充橙花精油，会提供另一种花系香氛的变化。

以玫瑰为配方的知名香水

大多数香水都会有不同品种的玫瑰精油配方，最知名的如香奈尔五号香水，又如Les Parfums de Rosine La Rose Legere（蔷薇轻舞女香）就是以不同的玫瑰香来调配，GUCCI的“花之舞女性淡香水”也是以玫瑰花香为主调，柔和了桂花的独特芬芳，以及以檀香为后味的一款独特魅力香水。

↑你手边的香水中，有几种是以玫瑰香为主调呢？

↑玫瑰自古以来在人类的历史中担任着“爱情代言人”的角色是有其道理的，从埃及艳后便懂得利用玫瑰花香作为自己掌握权力及男人的助力。

茉莉

精油之王 理性感性兼具

†

中文名称

茉莉

英文名称

Jasmine

拉丁学名

Jasminum officinale

重点字	精油之王
魔法元素	火
触发能量	工作耐力
科别	木樨科
气味描述	清香的前味带出浓郁的后味，为醇香系的顶级感受
香味类别	蜜香／浓香／粉香／媚香／吲哚香
萃取方式	蒸馏
萃取部位	花
主要成分	乙酸酯、苯甲酸酯、芳樟醇、茉莉内酯
香调	前—中—后味
功效关键字	抚慰／滋阴／子宫／压力／安神
刺激度	低度刺激性
保存期限	至少保存两年
注意事项	无

“好一朵美丽的茉莉花，芬芳美丽满枝丫～”当一曲《茉莉花》，伴随着图兰朵公主的歌剧，在西方的歌剧院大放异彩时，茉莉这种东方气息十足的植物，也悄悄地在西方流行起来。茉莉是最早传到西方的一种植物，在西方看来相当具有东方清雅脱俗的气质。

茉莉的香味具有提振情绪，带来欢愉、助性、催情的作用，给人以青春的活力。自古以来是东方引以为傲的经济作物，不但融入中国茶文化如茉莉香片，也是许多高级香水中少不了的原料之一。

茉莉因原产于亚洲，由亚洲传到欧洲时，因土壤气候的不同，所以衍生出两种茉莉品种，其气味和花型有些差异。

Jasminum sambac：原产于亚洲地区，

↑小花茉莉的香味较为细致，更具耐人寻味的深度，香味系统较为东方人熟悉；秀英茉莉则花香甜美，较受西方人喜爱。

在印度、中国、伊朗一代盛产，花呈白色，花型较小，又被称为小花茉莉，气味芳香宜人，花期长。在亚洲常用其花来制成茉莉花茶，在泰国经常制成茉莉花环表达佛教徒的敬意，市面上也有称为阿拉伯茉莉的也都属于该品种。

Jasminum officinale：由东方移植到西方种植后的茉莉，因为土壤、气候、纬度的不同，生长出来的西方茉莉品种与东方的小花茉莉不同，此种茉莉花型较大，花也呈白色，又称为“秀英茉莉”（J. offininale）或“大花茉莉”，主要产自法国与摩洛哥等地。

大花华丽，小花秀气。小花茉莉的香味较为细致，更具耐人寻味的深度，香味系统较为东方人熟悉；秀英茉莉则花香甜美，较受西方人喜爱。

茉莉精油可以单独使用，稀释挥发，也可以和其他的精油搭配。自从发现它搭配檀香精油可以制造出另一股很有气质的香味之后，我也喜欢拿它来与檀香精油搭配做成按摩油或精油香水！

茉莉精油作为香水配方的使用时机

† 酯吸法茉莉精油有非常复杂的香味，使用时只能用少量，让它能自然舒展开立体的前中后味。

茉莉精油 | 茉莉精油可以同时表达出性感与理性，温柔与坚强，这就是称它为“精油之王”的原因。

† 茉莉是东方人比较熟悉的香味，能与个人的记忆联结，闻到茉莉花香，闭上眼睛甚至能“看到”茉莉花开的画面，要善用这点，才能使你调配出来的香水有画面感，你也当之无愧地成为茉莉美人。

† 茉莉精油可以同时表达出性感与理性，温柔与坚强，这就是称它为“精油之王”的原因。而玫瑰称为“精油王后”，显然玫瑰的母性特质比较强烈。

茉莉主题精油香水配方

配方 A 大花茉莉精油1毫升+香水酒精8毫升

茉莉精油是一种越稀释越香的精油，其中最主要的原因就是含有珍贵的“吲哚”。所以当你用酒精稀释并放置至少一天后再闻，你会发现它的香味并没有因此打折扣，反而展现得更好。

配方 B 配方A+依兰精油1毫升

接着我们可以再加入些依兰，在精油的系统中，依兰和茉莉非常接近，甚至有“穷人的茉莉”的说法。（只是便宜些，不要看低了依兰！）

用依兰调香只是希望让香味多些变化，以不影响原先茉莉的特色香味为主。

配方第13号

爱上茉莉

大花茉莉精油1毫升+依兰精油1毫升+香水酒精8毫升

→茉莉精油的香味具有提振情绪，带来欢愉、助性、催情的作用，给人一种青春的活力。

↑大花茉莉有强烈明显的前味，且能一直保持到中后味，是作为香水配方的首选。

大花茉莉有强烈明显的前味，且能一直保持到中后味，是作为香水配方的首选，也是简单不容易错的选择，当然如果你希望香味再多些变化，可以这样补充：

- 补充甜橙精油，香味会更甜美一些。
- 补充迷迭香精油，让香味更中性清新。
- 补充广藿香精油，香味会多些异国情调并多了些成熟韵味。
- 补充天竺葵精油，能多结合些柔性与暖性花香的变化。
- 补充洋甘菊精油，更有气质的甜美度。
- 补充佛手柑精油，多些特别的酸香。
- 补充罗勒精油，药草香会有让人无法解读的耐人寻味的趣味性。
- 补充没药精油，添加特有的成熟韵味。
- 补充岩兰草精油，让香味多带点土木香的后味。
- 补充茴香精油，可以让香味多些温暖的辛香。
- 补充马鞭草精油，让香味多些清香与灵活。

以茉莉为配方的知名香水

克里丝汀·迪奥（CD）有一款专门以茉莉为名的香水，曾掳获多少淑女的芳心，许多知名的香水也都有茉莉的配方，其他如BVLGARI宝格丽茉莉花香女性淡香水，Anna Sui紫色安娜苏女性淡香水，潘海利根－永恒之约女性淡香水……也都有茉莉的成分。

补充说明：嗅觉重点与画面感

稍具照相心得的人都知道，同样一种景色，构图能不能引起观赏者的注意，就是有没有视觉重点。这也就是，为什么明明是非常漂亮的风景，同样两个人去拍，一个人拍得令人拍案惊喜，另一个可以拍得糟蹋美景的原因：构图。

构图要有重点，也就是画龙点睛。例如同样一场黄昏的湖边美景，两张拍下来就是不一样。上图只是把这个场景拍下来，没有考虑构图的重点，下图则安排了一个点：一个女性的背影。两个图的感觉马上有了极大的差别。

因为眼睛会先找一个点“停驻”，才能感受这个画面，如果没有给出第一个“点”，眼睛因为一直没有“停驻”，就很难构成“印象”。

这个重点如果没有，当然是不及格的，如果重点是一个女性，会有一种感觉，如果是两人牵手，会有另一种感觉，如果是一家人，则是新的感觉……在固定的环境下，光是变换这个重点，就会产生不同的感觉。

精油香水的配方也是如此。你所加的配方，就像这个黄昏湖景一样，一定是美好的，但是如果没有重点，就没有印象。

你的重点安排可以随着不同的精油得到不同的感觉，下一次调配精油香水时，建议你先想想，重点精油是哪一个呢?

Chapter4

灵活多变草香系

草香系列应该算是最灵活多变的香味了，它永远是最跳跃的前味，负责气味的开场与暖场。单闻草香会有些主观，主观导致“爱恨分明”，而经过复方调配过的香水配方，就可以占尽便宜，调出皆大欢喜的香味。

草香是很有个性的，其中必须拥有的基本单方是：薄荷、迷迭香、马郁兰精油。

薄荷与迷迭香属于正面、开导性的气味，都能给人强势的印象，而马郁兰有一种迷离、飘逸的气质，它的开场也正如同小品音乐一样的不强势，但给人深刻印象。

属于灵活调配时的选择是：香蜂草、马鞭草、香茅、快乐鼠尾草精油。其中如香蜂草精油及马鞭草精油都属于含有柠檬醛的，也就是带有柠檬香味的，只是方向不一样：香蜂草精油是属于蜂蜜柠檬的甜美，而马鞭草精油是属于草本柠檬的清爽。

快乐鼠尾草精油有一种相当有个性的香味，同时它也是很容易“盖味”的精油气味，因此也不好驾驭。而香茅由于总是能表达草本标准的“温暖帮衬”，就像是睡在厚厚的、晒干的稻草堆上，就成了所有想表达厚度的香水基础了。

薄荷

活泼的小精灵

中文名称

薄荷

英文名称

Peppermint

拉丁学名

Mentha longifolia

重点字	清醒
魔法元素	火
触发能量	工作耐力
科别	唇形科
气味描述	清凉穿透开窍，尾味有甜美的草香
香味类别	清香／鲜香／凉香
萃取方式	蒸馏
萃取部位	叶
主要成分	薄荷脑（Menthol）、薄荷酮（Menthone）
香调	前—中味
功效关键字	清凉／开窍／提神／活泼／正能量
刺激度	中等刺激性
保存期限	至少保存两年
注意事项	无

薄荷应该是香草植物中最熟悉也最常应用的香味了，也是小时候家家户户都有的"必备良药"。红花油中最明显的就是薄荷香味；读书考试为了提神使用的绿油精，也就是靠了薄荷作为提神；每天早上起床刷牙的牙膏主要就是薄荷味；口香糖有薄荷；甚至老饕都知道吃羊肉一定要用薄荷酱来配，不但能去掉羊膻味，更有一番风味。

不过如果把薄荷香草仔细的研究，还是分得出差别：一般作为各种调味的，是"甜薄荷"，它的气味简单地说就是"绿箭口香糖"，甜甜凉凉的；另一种在芳疗界用的是"药草薄荷"，它的凉感比甜薄荷还强，更重要的是，它并不具甜味，而是一种独特的药草香味，非常细致。这才是我们要的，作为调香用的薄荷。

↑芳疗界用的是“药草薄荷”，它的凉感比甜薄荷还强，不具甜味，而是一种独特的药草香味，非常细致。

我有一次去巴厘岛度假时，为了应付炎热的天气，随身带了一瓶调和好的薄荷按摩油，当我拿出来擦拭时，不用说，同行的朋友立刻闻到了，他们都非常惊讶这种气味……

“是薄荷吗？”

“是啊。”

“可是感觉不像……比薄荷好闻多了，除了凉之外，还有一种很特别的草香……”

同行的友人如此说，那当然啦！药草薄荷提炼的精油，不像一般外面随处买得到的一些提神药用的是工业薄荷脑原料，这可是一种纯正从香草植物中提炼出来的味道，清凉之余还有淡淡的草香。如果用在香水配方中，就像是个灵活的小精灵般，把嗅觉搅动，给人惊喜。

也因为它是属于轻盈灵动的气味，非常适合作为前味的开场，打开闭塞的心灵，在一个热闹而人气十足的场所中，有薄荷的加持，很容易使得你马上成为众人的焦点！

薄荷精油 | 中性的香味男女皆适合，且更适合年轻族群，如学生或是刚入社会的白领新人。

薄荷精油作为香水配方的使用时机

- † 清爽活力的薄荷香味无疑是夏季的最爱。
- † 薄荷中性的香味男女皆适合，且更适合年轻族群，如学生或是刚入社会的白领新人。
- † 薄荷的去味性很强，年轻人难免要东跑西跑，甚至以摩托车代步，想要遮蔽身上的机车味、汗味，都可以用薄荷成分的轻香水。
- † 如果使用薄荷作为香水配方，就要避免厚重的香味，例如土木香的广藿香、岩兰草，厚重木味的桧木，或是姜、黑胡椒这类的香系，以免不搭配。但是与全部的草香系、清爽系列的香味，如冷杉、松针、花梨木，或是有甜味的果香系都很合得来。
- † 薄荷精油的挥发性太强，使用时要避免眼部以及接触到身体敏感部位。

薄荷主题精油香水配方

薄荷精油1毫升 + 香水酒精6毫升

用香水酒精把薄荷的香味延展开来，还是有其立体感的，可以好好感受一下薄荷的清凉感，这在香水界来说，就是“海洋系”“水系”“清凉系”的香味系统，所以你也可以利用这个机会，把薄荷的香味好好记忆一番。

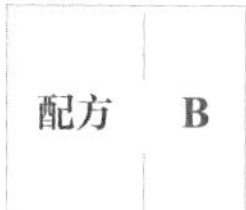

配方A + 迷迭香精油1毫升 + 香茅精油1毫升 + 茶树精油1毫升

←薄荷应该是香草植物中最熟悉也最常应用的香味了，也是小时候家家户户都有的“必备良药”。

光是清凉香会太薄弱，所以以清香系为主题，加以调配。注意因为走的是清新香系路线的淡香水，所以没有考虑前中后味的完整，这款配方中，中后味非常弱，因此持久性不足。

配方第14号

爱上薄荷

薄荷精油1毫升＋迷迭香精油1毫升＋香茅精油1毫升＋茶树精油1毫升＋香水酒精6毫升

这是一款走清新风的淡香水，适合运动前后，立刻给人清新感的复杂香味。薄荷只要一点就可以展现出它那独特的清凉，唯一有厚度的是香茅，其他都是在装饰薄荷的清新，让它不那么单调。所以如果你还想调整，可以这样做：

- 补充果类精油，提供果类的新鲜果香与酸香。
- 补充丝柏或松针精油，可以变得更中性也更运动风。
- 补充马郁兰精油，香味会有些深度气质。
- 补充岩兰草精油，增加后味与留香度。
- 补充丁香精油，让香味更有意境耐人寻味。
- 补充芳樟叶精油，变得更阳光与张扬。
- 补充冬青木精油，海洋感更强烈。
- 补充冷杉精油，香味会更透明清澈。

↑薄荷除了清凉之余还有淡淡的草香，如果用在香水配方中，就像是个活泼的小精灵般，把嗅觉搅动，给人惊喜。

↑薄荷有着轻盈灵动的气味，非常适合作为前味的开场，打开闭塞的心灵。

✣ 补充雪松精油，也有定香的后味效果。

以薄荷为配方的知名香水

大多数夏日男性或中性香水，以及许多运动或户外休闲香水，如CK be中性淡香水，Gaultier Le Male高堤耶裸男男性淡香水，YSL LIVE JAZZ生活爵士男性淡香水，Adidas Sport Field阿迪达斯能量塑型运动男性淡香水。

KENZO 水之恋香水笔

是一款描述香气清透如水的香水，自然会采取薄荷为素材之一。

香调——水生花香调

前味——水生薄荷、柑橘、绿丁香、芦苇茎

中味——小茉莉、白桃、石蒜、百合

后味——香子兰荚、蓝柏木、麝香花

↑薄荷作为精油的种类也不少，而且每种功效也不太相同。

香蜂草

完美的蜂蜜柠檬花香

中文名称
香蜂草
英文名称
Melissa
拉丁学名
Melissa officinalis

重点字	灵活
魔法元素	金
触发能量	沟通力
科别	紫苏科
气味描述	轻灵的蜜花香带着芬芳的柠檬清新味
香味类别	甜香／酸香
萃取方式	蒸馏
萃取部位	花叶全株
主要成分	柠檬醛、香茅醛、香叶醇
香调	前—中味
功效关键字	灵活／活化／精灵／蜜蜂／创意
刺激度	中度刺激性
保存期限	至少保存两年
注意事项	无

又称为蜂蜜草的香蜂草，光从名字上就可以知道，它有甜蜜的气味，说得更直接一点，就是柠檬蜂蜜的气味。清香与甜蜜，是给人最直接的印象；年轻与活泼，则是它表达出的信息，所以这是一种特别适合“美少女”的香气。

适合作为香水配方的香蜂草与芳疗用的香蜂草精油，其实是不同的来源，标榜正科的香蜂草精油在英文标示中会注明“True”，这可是10毫升要上千元人民币的香蜂草精油，我们所建议你使用的是另一种。

有两种类似的精油值得你做好区分：香蜂草与柠檬香茅，虽然这是两种完全不同的品种，对于初学者来说往往搞不清楚，也难怪某些芳疗师会非常紧张的要使用者注意区分，其实这两种在气味上，有非常明显的

↑香蜂草是甜蜜蜜的气味，也是柠檬蜂蜜的气味，清香与甜蜜，是给人最直接的印象，年轻与活泼，则是它表达的信息，所以这是一种特别适合“美少女”的香气。

差异：

虽然同样都有柠檬的香味，香蜂草更甜蜜一些；而柠檬香茅的草味要重许多。只要能认清这两种主要的差异，你不但能区分，同时能更熟练地运用在调香上。

香蜂草是招蜂引蝶的气味，是传染快乐活泼的气味，也是分享喜悦的气味，虽然如此，它并不引人厌烦或是过度招嫉，而是给人大方开朗的印象。我非常喜欢用香蜂草表达一种清新而亲昵的氛围，在花草类精油中，它也很适合与大多数的精油搭配。

香蜂草很适合年轻的女性，或是说，它很能给人一种“年轻”表达力，光就这个理由，它当然是你的最爱！

香蜂草精油作为香水配方的使用时机

† 香蜂草的香味能充分表达恋爱中的感觉，所以如果你想充分表达你的心情与恋爱的感觉，香蜂草是聪明的选择。

香蜂草精油 | 是招蜂引蝶的气味，是传染快乐活泼的气味，也是分享喜悦的气味。

† 说到聪明，香蜂草的灵活氛围也能凸显你的思绪与创意，作为年轻女性如果想给人你很有思想与创意，就可以用香蜂草表达出来。

† 在约会时使用香蜂草的配方，仿佛告诉对方：我会给你机会，但是你要抓得住我。

香蜂草主题精油香水配方

配方 A	香蜂草精油2毫升＋ 香水酒精6毫升

香蜂草有足够清楚的蜂蜜花香及柠檬酸香，用香水酒精稀释后，你可以先充分的感受并记忆这种甜香酸香结合的感觉。

配方 B	配方A＋茴香精油1毫升＋ 广藿香精油1毫升

这款配方不会干扰原来香蜂草的主风格，又加入两个新元素：茴香的辛香味以及广藿香的药草香味，变成四种迥异而互溶的香系，酸甜苦辣，百味杂陈。

配方第15号

爱上香蜂草

香蜂草精油2毫升＋茴香精油1毫升＋
广藿香精油1毫升＋香水酒精6毫升

这是一款很有趣的配方，充满了曲折，这就是我所说的能让人闻到后一再回味甚至一再思考的香味，因为给人一种不确定感，反倒使人回味。

想要在这款“人生的配方”中再加点料，表达出更多你的创意吗？

✣ 补充甜橙精油，让它更单纯的快乐些。

✣ 补充罗勒精油，让它多些知性与客观。

✣ 补充薰衣草精油，让气味不那么强劲而更柔性诉求。

✣ 补充茶树精油，苦涩感更重，多了些咄咄逼人。

✣ 补充乳香精油，温柔的后味，美好的结局。

✣ 补充桧木精油，强大而坚实的靠山，可以一改这些小曲折给人康庄大道的感觉。

✣ 补充香茅精油，做个整体的香气打底。

✣ 补充依兰精油，把整个调性拉成柔情调。

✣ 补充安息香精油，香味会变得舒服而美好。

✣ 补充苦橙叶精油，香味会有很好的改善。

✣ 补充花梨木精油，香味会变得比较随和。

↑薄荷与香蜂草不但外形接近，也都适合入茶饮品尝。

快乐鼠尾草

鲜明强劲有个性

†

中文名称
快乐鼠尾草
英文名称
Clary Sage
拉丁学名
Salvia sclarea

重点字	子宫
魔法元素	天
触发能量	意志力
科别	唇形科
气味描述	强烈鲜明的药草气息又带点坚果香
香味类别	药香／迷香
萃取方式	蒸馏法
萃取部位	叶全株
主要成分	乙酸沉香酯（Linalyl acetate）、沉香醇（Linalool）
香调	前—中—后味
功效关键字	强烈／生理／活化／护发
刺激度	强度刺激性
保存期限	至少保存两年
注意事项	气味强烈，低潮、饮酒时容易被影响，肿瘤患者避免，蚕豆症患者不宜

快乐鼠尾草是一种气味强劲鲜明的特殊香味，如果要拿捏得当，一定要亲自闻过之后，再来决定要怎么用。

作为调香师，你必须保持客观，以下是对快乐鼠尾草的使用建议：

它的气味非常“顽固”，无论配方多淡，你一定能闻出它，所以这是一种能量十足的植物精油，它是一种厚厚的草味，稀释后会转化成一种平衡而温实的中味。我看过喜欢它的人一旦闻到后，脸上会露出很陶醉的表情。

它是一种“会牵动情绪”的气味，更重要的是，它是一种“能给人留下深刻印象，不可能忘记”的气味。如果你想找寻的配方是属于这个方向的，不妨试试快乐鼠尾草。

聪明的精油调香师要懂得借力使力，

↑快乐鼠尾草是属于极度自由与自然的香味，所以如果是去郊外、大自然，可以用来调配有野趣氛围的运动香水。

正因为它的气味既明显又给人深刻印象，所以适时的在配方中加入一点“适量”的快乐鼠尾草，立刻可以变出一种“每个人都好奇并被牵动思绪”的特殊复方气味。快乐鼠尾草的气味会给人“很陌生又很熟悉，很想表达反应却又不知道该说什么”的特点，正是精油调香的目的之一：给人印象。同时，稀释后的鼠尾草精油已经不会给人太强烈的信息了，惊叹号变成问号，成了一种趣味。

我曾经成功地把它和果类精油调在一起，将果类单纯的甜香味变成婉转的谜样气质，也曾调一些具有自己特色的精油，而成为一种新创的独特香味，只要你具有一定的

快乐鼠尾草精油

气味非常“顽固”，无论配方多淡，一定能闻出它，所以这是一种能量十足的植物精油，它是一种厚厚的草味，稀释后会转化成一种平衡而温实的中味。

调香实力，快乐鼠尾草一定会成为你的秘密武器！

快乐鼠尾草精油作为香水配方的使用时机

† 快乐鼠尾草精油可以协助你调配非常有个性的香味，保证与众不同。

† 作为草香系的掌门人，快乐鼠尾草搭配其他草类精油，可以搭配出草香挂帅的清爽活力型香水。

† 如果去酒吧等娱乐场所，请勿使用快乐鼠尾草精油，因为它的气味容易引起成瘾者的激烈反应。但如果你正在戒除某种成瘾，适当的使用快乐鼠尾草，可以协助减轻戒瘾时的压力。

† 快乐鼠尾草有属于极度自由与自然的香味，所以如果是去郊外、大自然，可以用来调配有野趣氛围的运动香水。

† 如果你是快乐鼠尾草的爱好者，可以用来表现自我，同时观察其他人对此的反应与喜恶。

快乐鼠尾草主题精油香水配方

配方 A 快乐鼠尾草精油2毫升 + 香水酒精6毫升

最好你能先闻闻纯的快乐鼠尾草香味，再来比较用香水酒精稀释过的香味，才能发现，当快乐鼠尾草稀释后的差别在哪里？

单纯、温顺二词不足以形容，这是一种令人心平气和的迷人草香，你会发现用酒精稀释校调过，可以在香味扩散出来时变得舒缓不抢，接受度更高，此法也适用任何强劲气味的精油。

配方 B 配方A + 迷迭香精油1毫升 + 丝柏精油1毫升

迷迭香是草香味最好的辅助，丝柏是最干净的木香味，同样也是辅助，共同让快乐鼠尾草的主角光环发挥得更出众些，并铺垫些微的变化与协奏，让香味不会太单调。

↑快乐鼠尾草是一种“会牵动情绪”的气味，更重要的是，它是一种“能给人留下深刻印象，不可能忘记”的气味。

和配方A比起来，香味调整轻微但又有加分效果。

配方第16号

爱上快乐鼠尾草

快乐鼠尾草精油2毫升＋
迷迭香精油1毫升＋丝柏精油1毫升＋
香水酒精6毫升

这可以是很好的中性香水，经过更多的配方补充，要调整成男用或女用或维持中性香水都可以。

- 补1毫升香水酒精，让它香味更淡雅些。
- 补充薰衣草精油，香味会更大方一些，也多些变化。
- 补充柠檬精油，增添活泼气息。
- 补充苦橙叶精油，多强调些酸香味。
- 补充乳香精油，后味会更持久且更有深度。
- 补充果类精油，增加阳光感，可以让香味更受欢迎。
- 补充雪松精油，香气会更饱和，是不错的男性香水。

↑调制精油香水最大的好处是，你可以随心所欲地补充你喜欢的配方。

- ✣ 补充依兰精油，增加灿烂花香，是不错的女性香水。
- ✣ 补充尤加利精油，这也是中性香水或是作为运动香水。
- ✣ 补充香蜂草精油，香味会更迷人且灵活，这就会是草香系的经典配方！
- ✣ 补充罗勒精油，香味会多些书卷气，有乖乖女或是文青的感觉。
- ✣ 补充玫瑰天竺葵精油，让这款香水变得更迷人妩媚。
- ✣ 补充岩兰草精油，改善原先后味的不足，并维持草香与土木香的基调。
- ✣ 补充马郁兰精油，让气味更迷惑人，这也是另一种草香系的经典。
- ✣ 补充芳樟叶精油，气味变化性更强，敏感者可能会头晕。
- ✣ 补充杜松莓精油，增加中性的缓冲，以及不愠不火的中味。
- ✣ 补充广藿香精油，能强化中味及后味，并在后味给人熟悉感。
- ✣ 补充安息香精油，增加香草般的甜美感。
- ✣ 补充丁香精油，增加涩香与辛香味，会让配方更有些深度。
- ✣ 补充没药精油，增加甜美的药草香。

以快乐鼠尾草为配方的知名香水

多半为诉求个性与自我的男性香水，如David off Champion王者风范男性淡香水，Paco Rabanne Black XS黑骑士男性淡香水。

↑作为草香系的掌门人，快乐鼠尾草精油搭配其他草类精油，可以搭配出草香挂帅的清爽活力型香水。

Davidoff Champion
王者风范男性淡香水

以哑铃的瓶身造型呈现独一无二的品位诉求。

香调——清新木质调

前味——佛手柑、柠檬

中味——白松香精油、快乐鼠尾草

后味——雪松、橡苔

马郁兰

最佳女配角

中文名称
马郁兰
英文名称
Majoram
拉丁学名
Origanum majorana

重点字	放松
魔法元素	火
触发能量	工作耐力
科别	紫苏科
气味描述	温和中带有穿透的草香味
香味类别	辛香／迷香
萃取方式	蒸馏
萃取部位	叶全株
主要成分	松油烯、香桧烯、侧柏醇
香调	前一中味
功效关键字	驱蚊／镇定／消炎／更年期／安抚
刺激度	中等度刺激性
保存期限	至少保存两年
注意事项	蚕豆症患者不宜

有人形容它是一种“麻麻的草香味”，通俗而贴切，马郁兰又称为马娇兰、马乔兰，这些只不过是英文翻译的音译问题，这是一种亲切可爱的植物，如果你想找一种能充分表达细致草香的精油，马郁兰就是很好的选择。

马郁兰很适合作为前味，因为它的气味够轻，也能勾引起后面的中味及后味。如果你希望在它的味道中加点甜味，可以用果系的如甜橙、柠檬、葡萄柚等，都可以变成一种有特色的前味。又如果你想增加些前味的轻灵与特殊，和其他的草类精油搭配如迷迭香、薄荷，甚至柠檬香茅……都能有各自不同的气味属性。

我曾试过用轻松的木味——冷杉来搭配，做成一种很适合男性的香水前味，够

Man，也够细心，像是一个有气质的绅士。

马郁兰精油可以安神镇定，在芳疗上有舒压平衡的目的，也因为植物本身的属性也有抗菌消毒方面的生理功能，算是男女皆宜，主观并不强烈，所以不宜作为主要气味，我所知道的调香配方中，不会特别拿它作为主角。但是它有修饰甚至改变其他精油香味的能力，在搭配上，也能与绝大多数的精油搭配而不冲突。

↑马郁兰精油可以安神镇定，在芳疗上有舒压平衡的目的，也因为植物本身的属性也有抗菌消毒方面的生理功能，算是男女皆宜，主观并不强烈，所以不宜作为主要气味。

马郁兰精油作为香水配方的使用时机

- † 马郁兰精油可以视为“乖乖的”香味，或是“书卷气”，你可以想见，如果要有文静气质香味的香水，马郁兰精油搭配一些草香、果香、木香非常推荐。
- † 如果在性感类的配方中加入马郁兰精油，又可以把性感与野性煞车，收敛一些，变成比较中性的香水。
- † 马郁兰精油适合比较不喧闹的场所使用，也适合作为与人会议、提案、面试时的礼貌香水。
- † 例如金融业、文创业、设计业等智慧型工作者，可以用马郁兰精油提供可信任的氛围。

马郁兰主题精油香水配方

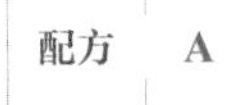

马郁兰精油2毫升＋
香水酒精6毫升

马郁兰精油的主香味是清晰的百草香，你可以把它和迷迭香做一个比较，同样是百草香，二者还是有不同。（香味的不同必须现场同时闻香比较，你的大脑才能有定位，用语言是形容不出来的。）

马郁兰精油 | 很适合作为前味，因为它的气味够轻，也能勾引起后面的中味及后味。

配方 B	配方A＋薰衣草精油1毫升＋茶树精油1毫升

当然你也可以用迷迭香作为配方，发挥更完整的草香系，但我们选择茶树作为理性的辅佐，也是希望更能凸显马郁兰的独特性，其实是和茶树的高理性香味更接近，同时也能带来安全感。薰衣草则是添加一些柔情与浪漫，让它像个香水，这种搭配就是前面所说的，适合理性与智慧型工作者的气质香水。

配方第17号

爱上马郁兰

马郁兰精油2毫升＋薰衣草精油1毫升＋茶树精油1毫升＋香水酒精6毫升

这种香水的特点在于：它不像是香水，倒像是种“气质”。绝大多数的人只会觉得你很“特别”，有种说不出来的“气质”，特别理性与智慧，“一看就是聪明人”，其实他是被你的马郁兰配方展现出的精明干练给洗脑了。如果你希望再修改调整这款配方，可以：

- 补充薄荷精油，让香味更灵活也更轻松些。
- 补充葡萄柚精油，增加可亲性让人更好相处。
- 补充茉莉精油，柔情度立刻升级。
- 补充苦橙叶精油，多强调些果香与酸香味。
- 补充冷杉或松针精油，是不错的中性香水。

↑马郁兰可以视为“乖乖的”香味，或是“书卷香”，如果要有文静气质香味的香水，马郁兰搭配一些草香、果香、木香非常推荐。

- 补充香蜂草精油，香味会更迷人且灵活，让你多些创意！
- 补充安息香精油，把后味更充实些香味比较完整。
- 补充冷杉精油，可把理智路线做得更完美。
- 补充没药精油，也是不错的后味选择，并让前味多些人情味。
- 补充桧木精油，多些深厚的木香味与厚度带来更多大自然的联想。

以马郁兰为配方的知名香水

The Burren Botanicals
Autumn Harvest（秋天的收获）
香水

使用马郁兰、黑莓、苔藓、杜松精油作为配方，展现秋意。

马鞭草

不一样的柠檬香

†

中文名称
马鞭草
英文名称
Verbena
拉丁学名
Lippia citrodora

重点字	创意
魔法元素	水
触发能量	交际力
科别	马鞭草科
气味描述	有柠檬的清香与草的优雅
香味类别	清香／酸香／鲜香
萃取方式	蒸馏法
萃取部位	叶
主要成分	牻牛儿醇、芫荽油醇、橙花醇、柠檬醛
香调	前一中味
功效关键字	迷人／信心／品位／护发／活化／气质
刺激度	略高度刺激性
保存期限	至少保存两年
注意事项	蚕豆症患者不宜

马鞭草在芳疗精油中就是所谓“柠檬马鞭草”，是柠檬系列香味的三种香草植物之一，这三种分别是：柠檬香茅、香蜂草、马鞭草。

柠檬香茅的柠檬味，多带了些香茅的草味；香蜂草的柠檬味，多带了些蜂蜜的甜味；而马鞭草的柠檬味，则多带了些辣味的质感，风格又是不同。

虽然原产地是南美洲，这种紫色的花深受欧洲人的喜爱，不但在花草茶的配方中找得到马鞭草，在知名品牌的香水中也有它的存在。马鞭草是调香师的秘方，因为它在柠檬系列中的香味独具一格，所以可以让人同时感受到柠檬的清香，但却有些差距，因而摸不着这种神秘的配方到底是什么。

马鞭草由于还有足够的抗菌性，在芳疗中也应用于皮肤问题的处理，例如发炎、痘痘、粉刺等，所以作为香水配方时，对你有

↑马鞭草的原产地是南美洲，这种紫色的花深受欧洲人的喜爱，不但在花草茶的配方中找得到马鞭草，在知名品牌的香水中也有它的存在。

一定的抗菌能力，但也不能因此就高浓度大面积的直接接触皮肤。

作为香水配方，前味或是中味都很适合，我个人很喜欢拿来与天竺葵搭配，后味通常会放些安息香，这种酸甜中带有暖意的气味，是很合适的秋冬香型，当然还要有其他的配方，可以构成更多元的组合。

或是刻意做成柠檬主调的香水时，把这几种柠檬系列的精油经过你喜欢的比例调配组合，也能刻意制造出清雅亲切却又带点神秘变化的香水。有时我会加点广藿香或岩兰草精油，让它更神秘些，也更耐人寻味些。

马鞭草精油作为香水配方的使用时机

- † 马鞭草精油常用于中性男女皆宜的香水，作为前味到中味的铺陈。
- † 较为适合年轻女性使用，或者你就是想用香水装萌。
- † 马鞭草精油很适合引起别人的好奇，因为它的香味让人熟悉却又陌生，酸甜香又有柠檬的新鲜。
- † 马鞭草精油的草味的根本使得你很“接地气”，也就是可亲感，一般给人狡黠灵活的感觉。
- † 因为马鞭草精油也常用于许多手工皂、洗发精的香味来源，所以马鞭草的香味也给人干净清爽的印象。

马鞭草主题精油香水配方

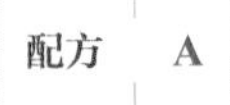

马鞭草精油2毫升＋香水酒精6毫升

马鞭草尽可能要与你手边柠檬香系列的精油做比较，掌握差异，如柠檬、柠檬香茅、香蜂草、莱姆、山鸡椒精油。

这些都是酸香系或是带有柠檬醛成分的精油，了解差异并做笔记，有助于以后你做香水配方时的调配。

马鞭草精油 | 马鞭草精油常用于中性男女皆宜的香水，作为前味到中味的铺陈。

配方 B　配方A＋迷迭香精油1毫升＋冷杉精油1毫升

迷迭香与冷杉都是很好的辅助香，可以提供不错的前味与中味，不会混淆主香系，并给客观的香味延续。

配方第18号

爱上马鞭草

马鞭草精油2毫升＋迷迭香精油1毫升＋冷杉精油1毫升＋香水酒精6毫升

马鞭草有着特意独行的专属香味，作为主题香水当然有其独特的魅力，如果你希望再调配些精油补强其不足，或是做些修饰，以下是给你的建议：

- 补充薰衣草精油，可以增加香味的甜美度。
- 补充甜橙精油，增加快乐的气息。
- 补充乳香精油，后味会更持久且更有深度。
- 补充香茅精油，香味会更饱和且有中味后味。
- 补充雪松精油，同时补充了甜度，以及更清楚的中性香水定义，男女皆宜。
- 补充依兰精油，适合卧房氛围与夜生活。
- 补充尤加利精油，这也是中性香水还适合做运动香水。
- 补充肉桂精油，会让香味更成熟些，也更有温度。
- 补充玫瑰天竺葵精油，让这款香水变得更迷人妩媚。
- 补充岩兰草精油，让后味不会太甜。
- 补充马郁兰精油，让气味更迷惑人。

以马鞭草为配方的知名香水

CK one summer 2011
夏季派对限量版中性淡香水

香调——清新柑橘调
前味——水蕨、哈密瓜、柑橘
中味——大黄根、小苍兰、海风、马鞭草、柠檬
后味——桃皮香气、雪松木、焚香木、麝香

Issey Miyake
三宅一生一生之水男性淡香水

香调——木质清新调
前味——南欧丹参、柑橘、柏树、香木缘、马鞭草、莞荽
中味——老鹳草、肉桂皮、番红花、蓝水百合、豆蔻
后味——中国柏树、印度檀香、海地岩兰草、琥珀烟草、麝香

香茅

唤起浓郁的草根记忆

中文名称

香茅

英文名称

Citronella

拉丁学名

Cymbopogon winterianus

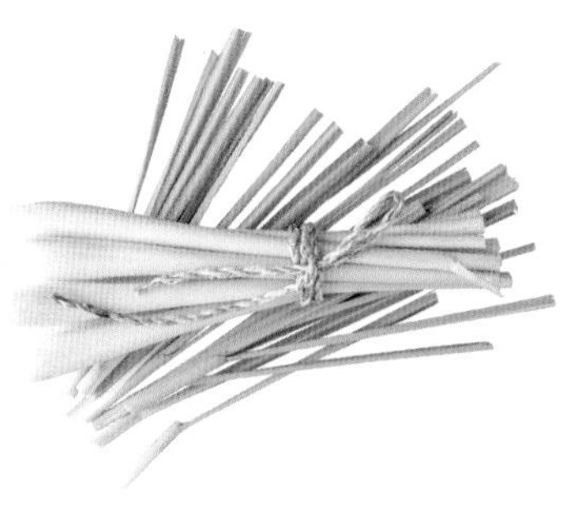

重点字	端午
魔法元素	地
触发能量	体力
科别	禾本科
气味描述	清香带着厚重的茅草味
香味类别	刺香／鲜香
萃取方式	蒸馏
萃取部位	叶
主要成分	香茅醛（Citronellal）、橙花醇（Nerol）
香调	前一中味
功效关键字	除虫／香水／避邪／清新
刺激度	中等度刺激性
保存期限	至少保存两年
注意事项	无

厚重而浓郁，温暖带草香，可以重新唤回那种乡间睡在一大摞稻草上的感觉。香茅可以说是草类代表性的香味，就算不熟悉乡村生活的都市人，也可以从中找到一点潜意识中的本土味。

香茅（又称香水茅）中富含的香茅醇算是很多香水基础的成分，因为它有足够的中味甚至后味，所以作为香味的基础香调是很合适的。不过如果你想在它浓郁厚重的草味中杀出独特的香调，就要花一些巧思了。

往温暖系列带，可以用甜香类的如安息香、依兰、天竺葵精油等配方，往清爽去走，就要用冷杉、松针，甚至薄荷精油来调，用广藿香或是岩兰草精油可以更往土里钻，给人厚厚沉沉的土木香调。

对于精油入门者来说，香茅精油是那种“便宜又大碗”的精油选择，因为它的价格不贵，气味却是强劲，且还很容易和其他精油搭配，作为香水的基础，拿来撑场面挺不错的。

香茅同时也是东南亚一带的代表性植物，所以如果你想调出一种东南亚风格（例如你布置一个普吉岛度假天堂的SPA会所），那用点香茅精油，可以很快地让人感受到东南亚那种慵懒安逸，阳光普照的氛围。

香茅精油作为香水配方的使用时机

† 说得直接一点，香茅精油因为价格便宜，香味持久又有厚度，和许多精油的香味都搭配，所以一直都是香水配方中的“群众演员”：也就是都少不了它，但它从来不是主角，可以烘托出主角光环。

† 香茅精油的香味是温暖的茅草香这使得它和大多数的精油都合，香味的厚度又可以延长香气时间，与缓解“太尖锐”的香味。

† 毕竟香茅精油只是群众演员不是主角，所以调配精油香水配方时，不宜太多，失去特质。

香茅主题精油香水配方

配方 A 香茅2毫升＋香水酒精3毫升

香茅精油大量的用在香水配方中，所以也称为香水茅，因为它就像是电影中的群众演员一样，从来不是主角，但是一定需要。

配方A先让你认识一下香茅这个“群众演员”的香味，浓郁、厚实的草香，带点温暖，所以很适合打底，因为它的前中后味都有，就像群众演员一样，可以让香水配方“热闹”些。

←香茅的香味是温暖的茅草香，和大多数的精油都合，其香味的厚度可以延长香气时间与缓解“太尖锐”的香味。

香茅精油

对入门者来说，香茅是“便宜又大碗”的精油选择，因为价格不贵，气味却很强劲，且很容易和其他精油搭配，作为香水的基础，拿来撑场面是挺不错的。

配方	B

配方A + 岩兰草1毫升 + 迷迭香1毫升 + 香水酒精3毫升

我们就用岩兰草和迷迭香这两种夹击香茅，然后再多用些酒精做稀释，这时香味又有了新的变化。岩兰草是标准的泥土香，因此你的香茅草香就接了地气；迷迭香是清灵的草香，又让香茅味增加高度；再多用些酒精，你会发现这种淡淡的又多变的草香，好闻极了。它会让你的居家氛围多了自然清新感，就像是整齐修剪过的草坪一样（不是杂草丛生），自然放松而有序。

配方第19号

爱上香茅

香茅精油2毫升 + 岩兰草1毫升 + 迷迭香1毫升 + 香水酒精6毫升

香茅本来就是作为底香用，所以你只要先单独了解其香味特征之后，再来思考可以搭配什么精油，做出变化。以上的配方可以展开香茅原本厚重的草香味，其实也是不错的生活空间香氛，有着基本茅草香，像是椡椡米的香味，也像是东南亚茅草小屋的氛围。不过，要是能再搭配些精油配方，当然更赞。

- 补充迷迭香精油，清爽宜人。
- 补充薄荷精油，变成热带南洋海洋风。
- 补充依兰精油，有着热情与性感。

↑香茅中富含的香茅醇算是很多香水基础的成分，因为它有足够的中味甚至后味，所以很适合作为香味的基础香调。

- 补充尤加利精油，有着草香与叶香的美好混合。
- 补充苦橙叶精油，是很标准的生活香水配方。
- 补充安息香精油，后味会香甜而持久，且更有深度。
- 补充果类精油，可以让香味更受欢迎。
- 补充丝柏精油，香味会变得清新。
- 补充茶树精油，杀菌的功效加上香茅驱虫的功效会更实用。
- 补充佛手柑精油，会让香味多一些气质。
- 补充花梨木精油，香味会变得多元多变。
- 补充快乐鼠尾草精油，香味很有特色。
- 补充丁香精油，凸显出药香味与辛香味。
- 补充生姜精油，适合冬天提供暖意。

迷迭香

清澈明亮的海之朝露

†

中文名称

迷迭香

英文名称

Rosemary

拉丁学名

Rosmarinus officinalis

重点字	集中
魔法元素	火
触发能量	工作耐力
科别	唇形科
气味描述	清新、具有穿透力，标准的草清香
香味类别	清香／柔香／迷香
萃取方式	蒸馏
萃取部位	草全株，花
主要成分	α–蒎烯（α–Pinene）、桉油醇（Eucalyptol）、樟脑（Camphor）
香调	前—中味
功效关键字	记忆力／精神／开导／积极／抗菌／解劳
刺激度	中等刺激性
保存期限	至少保存两年
注意事项	蚕豆症患者不宜

迷迭香的知名度其实不亚于薰衣草，应用的广度也是如此。其实我是这样的看他们：薰衣草会是所有偏阴性使用方向的入手精油，而迷迭香则是所有偏阳性使用方向的入手精油。

干净标准的草香味，某些品种的迷迭香甚至在后味中会带点花香味，迷迭香可以使用清澈直接地感受到它的气味，同时也能影响人的思绪集中，这点对于想调出一种让人注意你的香水来说，迷迭香是不可少的配方。

用“清澈”来形容迷迭香是个不错的词，挥发性高让它成为很好的前味，可以顺利带出其他调配精油的气味。在地中海一带，迷迭香是种非常普及且受欢迎的香草植物，从日常料理饮食到高档的贵族香水，迷

↑迷迭香很适合作为居家生活香水的主香调，它除了代表了活力与朝气之外，也提供健康杀菌的氛围。

迭香总是能提供那受欢迎又开朗的香味。

历史上迷迭香的应用也不胜枚举，最有名的例子是当欧洲黑死病肆虐时，人们发现迷迭香这些香草植物的种植农民，似乎较不受影响，于是在人群往来的路口市集，堆积并燃烧起迷迭香干草堆，并希望能驱走“瘟神”。似乎，迷迭香有抗菌消毒的功用，也能给人带来安全感。

迷迭香有足够的西方文明与历史的结合背景，这些因素提醒你若想调配出有些“地中海气质”的香水，迷迭香是必要的因素，又因为它清爽的基调，作为春夏季用的淡香水配方也十分适合。

迷迭香具有一种被动性，也就是它会根据你调配的其他精油配方，做相对的搭配，因此，不同的配方会有不同的表现。我最常用的一款夏季清爽淡香水就是用迷迭香、冷杉、白松香、柠檬，以及苦橙叶等调配的。

迷迭香与果类、草类，甚至木类的精油调配效果都很好，叶类也是如此，如果你对树脂类的够熟悉，适度的迷迭香与茴香或是罗勒，都可以调出很独特的味道。虽然在气味上并无不搭，但是我不建议与黑胡椒或是姜或是广藿香这种具有“东方色彩”的香系调配，那就像老外穿旗袍般，不能说不好看，但是还是怪。

迷迭香精油作为香水配方的使用时机

- 作为草香的标准，迷迭香属于中性香味的激励型，是一种能带来正能量的香氛。
- 迷迭香精油适合白天使用，工作中（或办公室）使用，它可以让人对你有积极、上进、进取等正面的评价，所以力求表现的上班族，不妨考虑迷迭香。
- 约会的时候不要用迷迭香，会让人觉得你太一本正经，但是见对方家长时用迷迭香，可就讨长辈的欢心了。
- 迷迭香精油也很适合作为居家生活香水的主香调，因为它除了代表了活力与朝气之

迷迭香精油

用“清澈”来形容迷迭香是个不错的词，挥发性高让它成为很好的前味，可以顺利带出其他调配精油的气味。

外，也提供健康杀菌的氛围。

† 对于老年人，迷迭香的香味有刺激海马体的嗅觉受体，这是与记忆力有关的区域，所以如果你想调一瓶香水给家里的老人用（消除老人家容易有的气味），一定要用迷迭香精油。

迷迭香主题精油香水配方

配方	A

迷迭香精油3毫升 +
香水酒精5毫升

迷迭香属于百草香，类似于直直刺刺、干净得发白那种单纯香味，不会特别有个性也不会让人反感，是很好的背景香味。

配方	B

配方A + 茶树精油1毫升

配上点茶树，就像是可以放着发呆的味道，却可以和所有的香味搭配。

配方第20号

爱上迷迭香

迷迭香精油3毫升 + 茶树精油1毫升 +
香水酒精5毫升

这种干净的底香，也可以作为古龙淡香水的基础，衬托出调配精油的特色，可以说是绝不会失败的基底香味搭配。

你可以：

✣ 补充苦橙叶精油，就是大众宜人的香水。

↑迷迭香与果类、草类，甚至木类的精油调配效果都很好，叶类也是，如果你对树脂类的精油够熟悉，适度的迷迭香与茴香或罗勒精油，都可以调出很独特的味道。

↑迷迭香有足够的西方文明与历史的结合背景，也就是如果你想调配出有些“地中海气质”的香水，迷迭香是必要因素，作为春夏季用的淡香水配方十分适合。

- ✣ 补充乳香精油，改善后味的单薄使更有深度。
- ✣ 补充雪松精油，香气甜美而饱和。
- ✣ 补充薄荷精油，超适合夏季。
- ✣ 补充冷杉精油，是不错的男用胡后香水。
- ✣ 补充依兰精油，是舒服的百花香。
- ✣ 补充尤加利精油，是中性香水及运动香水。
- ✣ 补充茴香精油，多一点特有的辛香增加气质。
- ✣ 补充香蜂草精油，香味会更迷人且灵活。
- ✣ 补充丝柏精油，香味会变得清新。
- ✣ 补充橙花精油，会让香味多一些气质。
- ✣ 补充花梨木精油，香味会变得婉转多变。
- ✣ 补充薰衣草精油，香味会更大方一些，也多些变化。
- ✣ 补充柠檬精油，添增活泼气息。
- ✣ 补充玫瑰天竺葵精油，让这款香水多些妩媚花香。
- ✣ 补充岩兰草精油，很好的后味。
- ✣ 补充桧木精油，原本深厚的木香味，与之调和能变得清爽些而更好接触。
- ✣ 补充甜橙精油，增加些天真活泼与阳光正能量。
- ✣ 补充杜松莓精油，增加中性的缓冲，以及不愠不火的中味。
- ✣ 补充安息香精油，增加香草般的甜美感。
- ✣ 补充没药精油，增加甜美的药草香。
- ✣ 补充马鞭草精油，让草香味更有些个性。
- ✣ 补充黑胡椒精油，增加香味的温度。

迷迭香也是全世界第一瓶古龙水配方

在香味的定义中，古龙水的香味浓度大概类似于淡香水（或略低），比较算是偏向男性的香水。古龙就是德国的科隆，1709年在科隆的意大利调香师创造出第一瓶古龙水，称之为“科隆之水”（eau de cologne）。最初的配方就是由迷迭香、柑橘类的精油，调配在酒中，作为预防瘟疫之用，因为当年欧洲黑死病大爆发时，有人用迷迭香作为消毒预防配方之一。

科隆之水开始受到欢迎据说是因为拿破仑最爱它，甚至每次洗澡都要倒上科隆之水，所以慢慢在定位上，古龙水就成了以男性香水为主了。

配方第21号

向拿破仑致敬的科隆之水

迷迭香精油10毫升＋苦橙叶精油5毫升＋
佛手柑精油5毫升＋松针精油5毫升＋
茶树精油5毫升＋香水酒精70毫升

以迷迭香为配方的知名香水

迷迭香普遍用于男性与中性香水，知名的代表作有：

Dolce & Gabbana (D & G)
Light Blue浅蓝男性淡香水

香调——木质清新调

前味——西西里柑橘、佛手柑、圆柏、葡萄柚

中味——四川胡椒、迷迭香、紫檀

后味——香熏、橡苔、麝香木

Cartier Declaration Essence
卡地亚极致宣言男性淡香水

香调——辛香木质香调

前味——佛手柑、苦橙、琥珀、桦木

中味——小豆蔻、迷迭香、摩洛哥苦艾

后味——东印度岩兰草、橡树、麝香

Chloe 花之水系列
法国橙花女性淡香水

香调——柑橘花香调

前味——香橙、迷迭香、橘子

中味——法国橙花、粉红牡丹、鼠尾草

后味——白麝香、东加豆、洋杉

↑在地中海一带，迷迭香是种非常普及且受欢迎的香草植物，从日常料理饮食到高档的贵族香水，迷迭香总是能提供那受欢迎又开朗的香味。

Chapter5

阳光快乐果香系

果香系是最容易使用的精油配方。

它的香味讨喜，男女老少都喜欢，都有着非常好的前味，直觉上就能给人快乐与阳光，它和任何其他的精油系列都搭配，更重要的是，它的价格都是相对较便宜的，所以说起来，果香类的精油，你都该必备在手边。当你缺乏灵感，想不出什么配方时，就从果香系的这些精油找找吧！（说到灵感，果香类精油的特性之一，就是能刺激你的思路，给你灵感，这又是果香类另一个不可错过的优点。）

都是果香，甜橙、柠檬、葡萄柚这三种是最基本的组合，佛手柑是你可以选择性考虑的配方。不用我多说，前三者都是大众熟

知的水果，也因为如此，用果香精油的最常见误区，就是和那些大众芳香混淆。

谁都知道市面上有“柠檬清香”的洗洁精，或是带着“柑橘香甜味”的洗手液、洗发水，当然，这些都是化学合成的香精，用来增加日用清洁品的愉快性，这些气味和精油能提供给你的是不同的。所以第一个要做的功课，就是先去比较市面上这些果类的香精添加，和果类精油之间，香味有什么不同，你才能建立起真正的香气地图。

果类精油大多有所谓“光敏性”，这本是自然界最单纯不过的事情：植物结果后，晒到太阳的地方，多半颜色鲜艳些，也就是色素深一些，这种会因为光照而变深色的反应就是光敏性。但是对于喜欢白净的女性来说，如果用了光敏性的成分在脸上常见光的部位，自然较易引起那些部位晒黑些。在芳香疗法的使用上，光敏性的精油（主要是果类精油）不建议高浓度使用在常见光的皮肤部位，同样的，如果含了光敏性的精油香水，也不建议直接喷洒于身体常见光的地方。

柠檬

酸酸甜甜恋爱滋味

†

中文名称
柠檬
英文名称
Lemon
拉丁学名
Citrus limonum

重点字	阳光
魔法元素	金
触发能量	沟通力
科别	芸香科
气味描述	酸甜气味，独特的柠檬味
香味类别	甜香／酸香
萃取方式	冷压
萃取部位	果皮
主要成分	*d*–柠檬烯（*d*–Limonene）、*β*–蒎烯（*β*–Pinene）
香调	前一中味
功效关键字	清香／活化／阳光／去味
刺激度	刺激性略高
保存期限	至少保存一年
注意事项	具光敏性

柠檬香味可以说是最熟悉的日常用品香味。从柠檬洗手液、柠檬沐浴液、柠檬洗洁精、柠檬洗衣粉，甚至喝的饮料都会加入柠檬味，“清香宜人”是柠檬制品最常见的宣传词……对不起，这些都是柠檬香精，而不是所谓的柠檬植物精油。

不难分辨，你只要准备少许市售所谓柠檬洗洁精，再准备柠檬的精油（当然必须是确定品质与来源的），你可以先闻闻柠檬香精的味道，再来闻闻柠檬精油的气味，有什么差别吗？

柠檬精油能闻到那种“新鲜”与“阳光”的气味，就像是在你面前拨开一个柠檬，挤出几滴柠檬汁一样，那种酸酸的、甜甜的、无忧无虑的味道。很多人形容恋爱的滋味就像是柠檬香，酸酸甜甜，因此，在香水配方中加入柠檬，常常是个不会错的选择：它会让人开始和香水“谈恋爱”！

这些都是柠檬香精无法模仿而来的，因为香精只能提供单一的化学合成成分，没有变化也没有生命，这就像用蜡做的模型柠檬和真正的柠檬放在一起，你可以去感受柠檬实实在在的生命与内涵，但是模型柠檬只能暂时欺骗你的感官。

如果考虑和其他精油的搭配，柠檬更显多样的变化。和其他果类精油搭配可以更显其甜美感；和花香系精油搭配可以当作很好的开胃前味，衬托出花香的优雅与丰富；和草香系可以强调出灵活多变的俏皮，让这种香水更有“曲线”。总之，柠檬精油是个非常好的前味香气，也是非常好的“协助性”香水配方。不过如果作为主味，它的后味持续性稍嫌不足，还要准备后味精油来搭配。

↑柠檬是非常好的前味香气，也是非常好的“协助性”香水配方。不过如果作为主味，后味持续性稍显不足，还要准备后味精油来搭配。

另外，柠檬精油属于光敏性精油，所以在使用上，不宜在日照下直接喷洒于面部皮肤，室内或夜间使用，喷于衣服或布料上即可。或喷在阳光无法直射的皮肤部位。

柠檬精油作为香水配方的使用时机

† 柠檬精油的香气能表达阳光下的健康，加上它的消除异味的能力，所以很适合作为运动香水的配方。

† 作为男女都适用的中性香水，柠檬精油又有着“大众脸”的特征，是最熟悉的香味之一，所以也很适合作为礼貌香水，不会引人遐想或侧目，只会给人好感。

† 柠檬精油可以和花香系的精油或是草香系的精油搭配使用，都会显得年轻与活力。

柠檬精油

能闻到那种“新鲜”与“阳光”的气味，就像是在你面前剥开一个柠檬，挤出几滴柠檬汁一样，那种酸酸的，甜甜的，无忧无虑的味道。

柠檬主题精油香水配方

配方 A 柠檬精油3毫升 + 香水酒精6毫升

单纯的发挥柠檬那种鲜果香味，就足以讨喜。稀释后的柠檬，香味扩散得更自然，就算是前味都充满着变化，首先带着鲜果的新鲜香气，接着是柠檬特有的酸味，忠实的还原。

配方 B 配方A + 香蜂草精油1毫升

添加了香蜂草精油，可以将柠檬香再增加点蜂蜜甜花香，变化性多一些，且不妨碍原来柠檬精油的主香调。

配方第22号

爱上柠檬

柠檬精油3毫升 + 香蜂草精油1毫升 + 香水酒精6毫升

这是一种属于年轻人的香味，轻灵活泼，且是百搭型香基，随着不同的补充精油而有不同的表现：

- 补充薰衣草精油，成为生活香水。
- 补充薄荷精油，适合夏天使用的户外香水或运动香水。
- 补充甜橙或葡萄柚精油，让不同的果香激荡。
- 补充玫瑰天竺葵精油，多些社交气质与女性婉转。

↑柠檬的香气能表达阳光下的健康，加上它的消除异味的能力，所以很适合作为运动香水的配方。

↑柠檬可以说是最熟悉的日常用品香味。柠檬洗手液、柠檬沐浴液、柠檬洗洁精、柠檬洗衣粉，甚至喝的饮料可以加入柠檬。

- 补充尤加利精油，多些健康大方的气息。
- 补充丝柏精油，调整为中性香水。
- 补充花梨木精油，增加些婉约变化。
- 补充马郁兰精油，多些书卷气质。
- 补充佛手柑精油，可以变化出另一种果香复方。
- 补充安息香精油，增加甜美定香。
- 补充依兰精油，更强效的花香定香。
- 补充快乐鼠尾草精油，能有意外的变化。
- 补充茴香精油，增加辛香味。
- 补充岩兰草精油，温和稳定的定香。
- 补充肉桂精油，温暖的定香。

以柠檬为配方的知名香水

使用柠檬为配方的香水非常多，举出其中几款最受欢迎的：

Anna Sui Secret Wish
安娜苏许愿精灵女性淡香水

席卷全亚洲的入门畅销经典款。

香调——清新花果香调
前味——金盏花、哈密瓜、柠檬
中味——黑醋栗、凤梨
后味——白雪松、白麝香、琥珀

Guerlain
娇兰花草水语薄荷青草
中性淡香水（2011年版）

香调——草香清新调
前味——青草、柠檬
中味——绿茶、薄荷
后味——仙客来、铃兰

ANNA SUI Flight of Fancy
安娜苏逐梦翎雀女性淡香水

香调——清新花果香调
前味——日本蜜柚、爪哇柠檬、荔枝
中味——玫瑰花、星木兰、紫苍兰
后味——白麝香、安息香、云杉

↑柠檬可以和花香系的精油或是草香系的精油搭配使用，都会显得年轻与活力。

佛手柑

治愈系的高手

中文名称

佛手柑

英文名称

Bergamot

拉丁学名

Citrus bergamia

重点字	解忧
魔法元素	天
触发能量	意志力
科别	芸香科
气味描述	类似苦橙中又带着花香，甜中带苦的独特甘味
香味类别	甜香／酸香／能量香
萃取方式	蒸馏／冷压
萃取部位	果实
主要成分	柠檬烯（D–Limonene）、乙酸沉香酯（Linalylacetate）
香调	前—中味
功效关键字	护肤／解忧／抗老／消化／呼吸
刺激度	中等刺激性
保存期限	至少保存两年
注意事项	略具光敏性

关于佛手柑的来源、品种、品质差别非常大，所调出的香味当然也有差别，所以在使用佛手柑精油前，务必做好功课，选择最佳品质的佛手柑。

佛手柑的气味是建立在甜美果香中，还能提供更加的细致纹路，也就是说它是有“气质”的香味。而在芳疗中，佛手柑精油又以“抗忧郁”“正向情绪”知名，所以说它是“治愈系”的优质选择！

香水不只是给别人闻的，也是给自己闻的，如果最近天空总是阴霾，如果有时心情低落，如果天天宅在家里、足不出户……给自己，也给别人一个正向气味，改善心情，走出低落，佛手柑精油绝对是最佳选择！

佛手柑精油也适合孕妇，甚至于坐月

↑佛手柑也是伯爵红茶香味的主要来源，如果想给自己一种正向气味，改善心情，走出低落，佛手柑精油绝对是最佳选择！

子阶段最适合的精油，我们都听说过“产前忧郁症”还有“产后抑郁症”，怀孕前后期女生在身心上都有很大的负担，此时最是需要协助与抚慰。又因为怀孕的关系，不能使用一般的精油，此时又出现佛手柑的利用价值：它是果类精油，对女性周期完全没有干扰或副作用，它有很好的疗伤与抗抑郁的功能，它甚至在成分上还有消炎、平衡、镇定的目的，所以如果你有朋友在怀孕你要去探望她，别忘了给她调配一瓶以佛手柑为主味的精油香水。

如前所说，佛手柑在果类中属于更有“内涵”的气味，且细致度为花香系的等级，所以无论是作为辅助香还是主香调都很适合。佛手柑精油的前味是甜果香与丝绸般香草香，中味转为香草香给人甜中带涩的质感，而到了后味又留存着淡雅的近似花香脂味，所以在许多品牌的经典香水中，也常见它的配方。如伊丽莎白·雅顿（Elizabeth Arden）的芳草系列（Blue Grass）中就用佛手柑搭配薰衣草、橙花作为前味。另一款知名的巴黎品牌香水巴卡莱特（Baccarat）的“孟加拉星夜”是用佛手柑精油和玫瑰精油搭配作为前味。源自英国伦敦的皇冠香水（Crown of Perfumery）也采用了佛手柑精油……事实上，近代知名品牌不少于三四十种主流香水中都可见佛手柑，聪明的你，别忘了这个Tips！

佛手柑精油作为香水配方的使用时机

- 佛手柑精油作为安神舒压治愈系的首推，非常适合较为内向的人使用作为香氛配方。
- 孕妇从怀孕初期到分娩后做月子，以及作为婴儿房的香氛，都很适合。
- 佛手柑精油有稳定情绪的氛围效果，所以也适合辅助性的工作者，例如秘书、助理，或是护理师、顾问、律师、会计师……作为职场香水配方，给人稳定感与

佛手柑精油 | 在果类中属于更有“内涵”的气味，且细致度为花香系的等级，所以无论是作为辅助香还是主香调都很适合。

信任感。

† 出席的场所如果较为正式，也可以使用佛手柑精油作为相关的香水配方。

† 佛手柑精油不是性感型的香味，但是如果和其他性感型或是花香型的精油香味配合，可以收敛太过放肆的高调，提供稳重内敛的气质。

佛手柑主题精油香水配方

配方 A 佛手柑精油3毫升 + 香水酒精6毫升

佛手柑精油除了果香外，还有药香味，这使得它的香味比一般的果类精油更耐闻些，如果用香水酒精把佛手柑的香味展开，你应该更容易了解这种果香加上药香的层次感。

配方 B 配方A + 苦橙叶精油1毫升

苦橙叶又称为回青橙，本就是香水常用成分，加在这款配方中的目的，也是希望在不干扰佛手柑精油的前提下，提供更协调的橙系特色香水配方。

↑佛手柑的气味是建立在甜美果香中，还能提供更加的细致纹路，也就是说她是有“气质”的香味。

↑柠檬、莱姆与佛手柑，你可以正确无误地分辨出来吗？

配方第23号

爱上佛手柑

佛手柑精油3毫升＋苦橙叶精油1毫升＋香水酒精6毫升

佛手柑精油有着漂亮的黄绿色（苦橙叶一般是无色至非常淡的黄色），因此这款香水也能呈现优雅的淡绿色，香水本身就很赏心悦目，如果想配些与众不同的配方，你可以：

- 补充薰衣草精油，增加大方宜人的花香。
- 补充乳香精油，有细致微甜的尾香与后味。
- 补充薄荷精油，适合夏天使用的户外香水或运动香水。
- 补充甜橙或葡萄柚精油，让不同的果香激荡。
- 补充玫瑰天竺葵精油，多些玫瑰花香。
- 补充丝柏精油，调整为中性香水。
- 补充迷迭香精油，百草香作为中味打底，让香味有中转。
- 补充花梨木精油，增加些婉约变化。
- 补充安息香精油，增加甜美定香。
- 补充香蜂草精油，灵活多变的柠檬蜜香。
- 补充茉莉精油，转化整款香调更多芬芳。
- 补充依兰精油，更强效的花香定香。
- 补充洋甘菊精油，甜美度破表。
- 补充快乐鼠尾草精油，能有意外的变化。
- 补充茴香精油，增加辛香味。
- 补充岩兰草精油，温和稳定的定香。

以佛手柑精油为配方的知名香水

佛手柑精油也是香水的主流配方，知名的有如下。

Bvlgari Petits et Mamans
宝格丽甜蜜宝贝中性淡香水

香调——清新花香调

前味——巴西花梨木、西西里佛手柑、柑橘

中味——甘菊、向日葵、野玫瑰

后味——白桃、佛罗伦萨鸢尾花、香草

YSL Opium
鸦片女性淡香精

香调——东方花香调

前味——佛手柑、柑橘

中味——茉莉、康乃馨、野百合

后味——没药、香草、琥珀、广藿香

GUESS Women
女性淡香精

香调——甜美花果香调

前味——佛手柑、青苹果、香橙

中味——山谷百合、玉兰花、牡丹、红果、铃兰、蜜桃

后味——西洋杉、青苔、琥珀、麝香

↑佛手柑作为安神舒压治愈系的首推，非常适合较为内向的人使用为香氛配方。

甜橙

超萌而活泼的好味道

中文名称
甜橙
英文名称
Orange Sweet
拉丁学名
Citrus sinensis

重点字	活泼
魔法元素	火
触发能量	工作耐力
科别	芸香科
气味描述	清新香甜的柑橘味
香味类别	甜香／涩香
萃取方式	冷压
萃取部位	果皮
主要成分	*d*–柠檬烯（*d*–Limonene）
香调	前—中味
功效关键字	忘忧／快乐／解腻／阳光／开朗
刺激度	中度刺激性
保存期限	至少保存一年
注意事项	注意光敏性

曾几何时，“萌”这个字眼成了我们生活中不可或缺的“调味圣品”。

“萌”代表人们对于“单纯”的追求，太复杂的社会生活，能够获得心中最基础的那一份简单，反而最知足，因此，“萌系”需求应运而生。我曾分析过，只要是喜欢甜橙香味的人，都是属于“萌系”特征，比较快乐，比较亲切，比较认真，简单一个形容词就是“比较阳光”。

甜橙是标准的果香味，还带点酸酸甜甜的活泼，它不像苦橙带些涩味，这是一种无忧无虑的香味。如果你想在香水中散发出“活泼”与“无忧无虑”的性格，别忘了甜橙；如果香水使用的对象是年轻女孩或是想表达出年轻女孩的活力，也别忘了甜橙。

甜橙也是一种很好搭配的香味，与其他

果系精油，如柠檬、葡萄柚，可以发挥出青春气息；也可以和草类精油，如薄荷、薰衣草、迷迭香、香蜂草等营造出有创意的活泼气味。虽然它最适合夏天的配方，能充分表现出那种活力四射、阳光大方的感觉；但是如果在冬天用它，也可以在阴冷的季节中透露出温暖与开朗。

甜橙精油作为香水配方的使用时机

† 甜橙精油给人的感受就是单纯的快乐与无忧无虑，适合年轻女孩，或是心态年轻的人。

† 出席社交场合，或是初见面的聚会，想给人热情活泼的第一眼印象，也可以使用甜橙精油。

† 甜橙精油扮演着阳光代言人的角色，如果是梅雨季或是常常灰冷阴暗的冬天，甜橙的香气能穿透这些湿气与霉味，让你成为乐观与活力的焦点。

甜橙主题精油香水配方

喜欢甜橙香味的人，表示你的心理年龄超年轻。甜橙属于萌系+甜美系+阳光系的香气，标准的果香拿来当作主题香味最棒了！但是甜橙的中味与后味略显不足，所以调配主题香水时，可以想办法补充中味与后味。

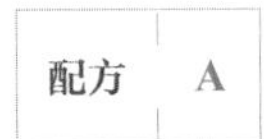

甜橙精油3毫升+香水酒精5毫升

放置一天后试香，是不是很棒的果香？闻了都会笑！可惜中后味不足，所以很快香味就挥发变淡了，我们把配方B改良一下。

配方A+佛手柑精油1毫升+安息香精油1毫升

配方A闻了会笑，配方B应该可以笑更久，而且是有气质的笑，因为有气质的佛手柑精油加进来了，另外又有香草味的安息香打底，所以香味更持久些，且有很棒的香草冰淇淋那种甜美味，一开始就说了，甜橙主题香水，就是要萌系+甜美系+阳光系。

配方第24号

爱上甜橙

甜橙精油3毫升+佛手柑精油1毫升+安息香精油1毫升+香水酒精5毫升

甜橙精油 | 甜橙精油是标准的果香味，还带点酸酸甜甜的活泼，不像苦橙带些涩味，甜橙则是一种无忧无虑的香味。

↑甜橙是一种很好搭配的香味，与其他果系精油，如柠檬、葡萄柚，可以发挥出青春感。

喜欢甜橙精油的香味，配方A可以让你得到满满的甜橙香氛，配方B可以让香味更完整一些，算是正式的香水。

如果你还想把甜橙精油香水做些变化，可以在消耗掉一些之后，参考下面的选项来补充。

这款配方虽然简单，但是非常受欢迎，你不必费心思准备多少精油，调配多么复杂的配方，简单的快乐就能直达人心，但是如果你还想添加更多的变化，可以参考以下的建议：

- 补充安息香精油，增加甜美定香。
- 补充玫瑰天竺葵精油，多些玫瑰花香。
- 补充芳樟叶精油，增加多变的叶香味。
- 补充丝柏精油，调整为中性香水。
- 补充依兰精油，更强效的花香定香。
- 补充快乐鼠尾草精油，能有意外的变化。
- 补充薄荷精油，让快乐浮动在空气中。
- 补充葡萄柚精油，让不同的果香激荡。
- 补充茉莉精油，转化整个香调更多芬芳。
- 补充香蜂草精油，变成灵活多变的柠檬蜜香。
- 补充薰衣草精油，增加大方宜人的花香。
- 补充迷迭香精油，百草香作为中味打底，让香味有中转。
- 补充花梨木精油，增加些婉约变化。
- 补充乳香精油，细致微甜的尾香与后味。
- 补充茴香精油，增加辛香味。
- 补充岩兰草精油，温和稳定的定香。

以甜橙为配方的知名香水

BVLGARI Omnia Crystalline
宝格丽亚洲典藏版女性淡香水

香调——水生花香调
前味——竹子、佛手柑、香柠、蜜柑、橙花醇、丰山水梨
中味——山百合、白牡丹、莲花
后味——琥珀、热带伐木、檀香、麝香

GUESS Women
女性淡香精

香调——甜美花果香调
前味——佛手柑、青苹果、香橙
中味——山谷百合、玉兰花、牡丹、红果、铃兰、蜜桃
后味——西洋杉、青苔、琥珀、麝香

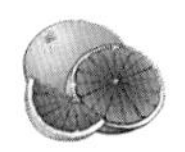

葡萄柚

年轻六岁的青春秘方

中文名称
葡萄柚
英文名称
Grapefuit
拉丁学名
Citrus grandis

重点字	青春
魔法元素	火
触发能量	工作耐力
科别	芸香科
气味描述	把蜜柚香提升更高层次的芳香，仿佛看到果实丰收累累
香味类别	甜香／酸香／鲜香
萃取方式	冷压
萃取部位	果皮
主要成分	*d*–柠檬烯（*d*–Limonene）
香调	前味
功效关键字	消化／活力／解忧／快乐／排水
刺激度	中等刺激性
保存期限	至少保存一年
注意事项	注意光敏性

芝加哥嗅觉与味觉研究所针对“味道”进行研究，为一群参与实验的女性喷上西蓝花、香蕉、绿薄荷叶、薰衣草及葡萄柚香气等香味，研究发现，男性独钟身上拥有葡萄柚香味的女性，并且感觉这些女性比实际年龄年轻了六岁。

同样是果香系列，葡萄柚是比甜橙、柠檬更“小众”的独特香味，当然还是保留了果类那一贯讨好、令人喜爱的先天调性，因此，讨喜的个性加上新奇小众的气味，塑造了葡萄柚成功的香味元素：既让人乐于接触，又有足够的距离塑造气质。这就是葡萄柚让人年轻六岁的秘密，当你出现在众人的面前时，你所散发出的信息，其实是多元的，你的容貌、身材、衣着、发型……都是视觉的条件，但是嗅觉也就是气味的条件

↑葡萄柚这种迷人的果香味和橙系的果香略有不同，具体的差别必须你亲自体会才能感受到。

却是无形中能帮你加分或是减分的。一个外貌出众、身材玲珑的女郎出现在众人面前，如果能散发出得体的香味，和没有任何气味表现，甚至是很糟糕的体味或是很差劲的香水，绝对立刻出现不同的反应。

所以，既然葡萄柚有这种加分效果，你可别忘了使用这个加分武器喔！

葡萄柚精油作为香水配方的使用时机

† 葡萄柚是能加分的香味，和其他精油的搭配性也很相宜，你可以把它当作常用且必备的香水配方。

† 青春永驻是每个人的梦想，葡萄柚的香味给人青春气息，也带给身边的人青春与活泼的灵动，所以葡萄柚也是大众喜爱的香味。

† 作为运动香水，葡萄柚可以修饰运动中散发的汗味体味，转化为舒服气息；作为约会香水，葡萄柚可以让对方把你的年龄往下再猜几档；作为社交香水，葡萄柚给人熟悉的亲和力。

葡萄柚主题精油香水配方

配方 A 葡萄柚精油3毫升＋香水酒精6毫升

柚香这种迷人的果香味和橙系的果香略有不同，具体的差别必须你亲自体会，就从这款配方A开始。“蜜度”较高是柚香的特色，小朋友喜欢在中秋节玩耍时把柚子皮剥下当作帽子戴，这个柚子皮就有浓厚的柚香味。

配方 B 配方A＋薰衣草精油1毫升

我们只需稍加薰衣草精油做香味调整，就可以让它呈现一种香味的舒适性，作为轻香水它适合作为各种背景香，例如喷洒在你的衣物上，自然的散发出些微的柚香，那么你就轻松地获得各种爱戴。

葡萄柚精油

葡萄柚精油是能加分的香味，和其他精油的搭配性也很相宜，你可以把它当作常用且必备的香水配方。

配方第25号

爱上葡萄柚

葡萄柚精油3毫升＋薰衣草精油1毫升＋香水酒精6毫升

如果你还想把葡萄柚精油香水做些变化，可以在消耗掉一些之后，参考下面的选项来补充：

- 补充1毫升香水酒精，让它香味更淡雅些。
- 补充橙花精油，会让香味多一些成熟，多一些性感。
- 补充柠檬精油，把果味进行到底。
- 补充乳香精油，把后味打底。
- 补充苦橙叶精油，也可以用佛手柑，都是一种气质的选择。
- 补充尤加利精油，变成适合出游的户外香水，因为这就是大自然的香味。
- 补充迷迭香精油，可以作为运动如瑜伽、跑步的香水，也可以消除一些汗臭味。

↑葡萄柚的香味给人青春气息，也带给身边的人青春与活泼的灵动，所以葡萄柚是大众喜爱的香味。

- 补充雪松精油，就是中性香水，男女皆宜。
- 补充肉桂精油，会让香味更成熟些，有妈妈的味道。
- 补充罗勒精油，香味会多些书卷气，有乖乖女或是文青的感觉。
- 补充香蜂草精油，香味会更迷人且灵活，让你多些创意！

或是补充其他你喜欢的精油，并无禁忌。

以葡萄柚为配方的知名香水

Dolce & Gabbana Rose The One
唯恋玫瑰女性淡香精

香调——玫瑰花香调
前味——粉红葡萄柚、荔枝
中味——保加利亚玫瑰
后味——白麝香

Lalique Lion
王者之风男性香水

前味——佛手柑、葡萄柚
中味——茉莉花、香柏、迷迭香、鸢尾花、薰衣草
后味——琥珀、广藿香

Guerlain
娇兰花草水语葡萄柚中性淡香水

香调——清新柑橘调
前味——柑橘、葡萄柚等新鲜果实
中味——柔美的花香
后味——檀香木、麝香

Chapter6

坚定稳重木叶香系

木香代表了最充沛的大自然植物能量，在科学上可以用芬多精来解释外，木香的香气也有完整的诠释。

木香一般都是中性香味，因为男性可选择的香味不多，木香自然也成了男性香水最直觉的选择。

木香不样草香那么轻狂、灵活又多样，木香大致相同，在你深入了解原来有这么多的木香系列精油可以选择之前，你可能以为木香只有一种，就是木头味。

如果我们用森林来形容，木香可以让你进入不同的森林探险，并且获得不同的感

受。同理，如果你懂得利用木香系列的精油调香，它会是很好的中味与后味，提供整款香水配方中充实的生命力。如果用乐器来形容，木香就像是中提琴般，在整个调香旋律中，有着饱满的基调。

木香的变种是叶香，其实叶香应该算是另外一类，不过因为它扮演的角色和木香有些类似，所以一并归类说明。

叶香就是在木香的基础上，多了叶绿素的变化，你可以想成，叶香就是植物迎接阳光的方式，叶香也是森林的耳语，当你在森林中时，微风吹来你所听到的，正是树叶的窃窃私语。世间再也没有比树叶沙沙声更治愈的舒压乐章了。

记住这些感觉，当你要调配与木香有关的精油香水配方时，就是要用这些氛围与情感，加入你的作品中。

认识芬多精——空气“维生素”

真的有芬多精

芬多精为 Pythoncidere 的音译，这是由圣彼得堡国立大学教授 B.P.Toknh 博士于 1930 年提出研究报告，python 意为植物，cidere 意为消灭，所以芬多精有“植物的防卫能力”的直接含义。

芬多精存在于植物的根茎叶中，其实所有的植物都会有一些成分用来自我防卫，不过由于树木的年龄更久（与草本植物相比），所以更能演化出更强力的成分。

芬多精的主要成分为萜烯，这是一种芳香性碳水化合物，不同的树种有不同的萜烯，就算同一种树，本身也有数量、种类不等的萜烯，一般来说，针叶林的松、杉、柏、桧类，在萜烯的质与量上，都是植物之冠，所以如今我们对芬多精的直觉印象，也来自这些植物。

因为芬多精充斥于森林之中，所以我们行走于间，无形中也享受了森林芬多精浴，不同的树木会有不同的气味，因为它们是不同的芬多精来源，由风、树叶摩擦、空气中的水分子与负离子吸附……形成了整个芬多精环境，由呼吸、皮肤接触，你也得到了这些空气维生素。

芬多精有什么好处

既然芬多精的来源是植物的防御系统，那么芬多精能杀菌、抗霉、驱虫，也是相当据实的推论。有研究表明几种松柏科属的精油，防虫抗菌效果很令人满意。

芬多精在生理上，除了第一道的病虫防护外，当然直接对呼吸系统有相当好的协助，因为它能降低空气里的尘螨，让你的呼吸系统零负担，也能间接对身体的循环系统、内分泌系统等有帮助。

在心理上，芬多精的气味也代表了与大自然的联系，久居都市的人来到乡间森林，深呼吸一口气，会觉得自己更清新而充满能量，所以对提振精神、改善心情，

特别是郁闷情绪也会缓解许多。

木香精油与芬多精

台湾地区的许多观光林场都会提醒大众多到户外做森林浴，吸收芬多精，对人体身心有莫大的好处。芬多精的浓度与深度最佳的当然是木类精油，因为树木特别是松、杉、柏科植物，都是多年生长，所以能合成比较复杂多样的精油成分，木类精油不只能有特殊香味，让你调配香水，无形中也对你的身心健康有莫大的帮助，这当然也是化学合成的香精无法比拟的。

冷杉

冰雪森林

†

中文名称
冷杉
英文名称
Fir
拉丁学名
Abies balsamea

重点字	玉山
魔法元素	木
触发能量	企划力
科别	柏科
气味描述	干净带有凉意的木味，如雨后清新的森林气息
香味类别	幽香 / 甜香
萃取方式	蒸馏法
萃取部位	叶，小枝
主要成分	α-蒎烯（α-Pinene）、3-蒈烯（3-Carene）、冷杉醇
香调	前—中味
功效关键字	清爽 / 创意 / 芬多精 / 肌耐力 / 呼吸 / 元气
刺激度	低度刺激性
保存期限	至少保存三年
注意事项	无

冷杉精油的香味有着沉静甜美的木质芬芳，能镇定平和焦虑繁杂的心情，帮助情绪冷静，深远幽静的气息，很适合冥想或构思。

冷杉是最接近北极圈寒带生长的林带，在台湾地区也只有在高山上才有冷杉分布，所以闻到冷杉就带来像是西伯利亚森林气息。冷杉可说是最性感的木香味，想要感受这种香味的特质，最好闭上眼睛，深呼吸一口冷杉，仿佛身处积了雪的森林中，空气是凉爽、干净的，在标准的木味中，尾香会有点回甘的甜味，这是中性的性感，酷酷的又耐人寻味，许多的男性香水会用冷杉作为主要的香调，如果你想给人稳定、清新、干净、理性的暗示，冷杉也是必用的配方。

冷杉精油作为香水配方的使用时机

† 男性香水配方的不败因素，有冷杉精油一定更有男人味。

† 冷杉精油的香味可以表达出干净，整齐，秩序，一丝不苟的氛围暗示，也是新好男人的定义之一。

† 如果是女性使用冷杉精油，则可以表达出独立性与自信。

† 冷杉精油适合的职场香水，如律师、会计师、医师，这些专业形象并需要顾客全然的信任的。

† 金融产业经理人需要保持随时冷静，遇事不慌的清晰头脑，也可以借助冷杉精油搭配香氛精油系列。

† 你如果喜欢某些浪漫花香精油，又怕闻久会腻，也可以用冷杉精油调味，让花香更多些内涵与深度。

† 职场女性要表达理性的因素。

† 夏季香水配方可带来清爽的氛围。

† 作为中性香水与礼貌香水，也就是希望有香味的装饰又不希望太高调引人反感。

冷杉精油主题香水配方

配方	A	冷杉精油3毫升＋香水酒精5毫升

←冷杉是最接近北极圈的寒带生长林带，在台湾地区也只有在高山上才有冷杉分布，所以闻到冷杉就仿佛置身于西伯利亚森林。

冷杉精油 | 香味有着沉静甜美的木质芬芳，能镇定平和焦虑繁杂的心情，帮助情绪冷静，深远幽静的气息，很适合冥想或构思。

冷杉清新冷冽的木香给人高冷净土的意境，尾香的甜味会随着放置的时间越久越明显，如果是以男性为使用对象，找一款礼貌不惹人厌烦的随身香味，配方A就足以达成你的想法。

配方 B 配方A + 薄荷精油0.5毫升 + 丝柏精油1.5毫升

添加薄荷是增加其清凉感，丝柏也是在水感与冷木香中间找到立足点，这样香味会更有穿透力，也更令人印象深刻。

冷杉是冷香系与水香系的香味，善用冷杉可以创造出轻冷北欧风。

配方第26号

爱上冷杉

冷杉精油3毫升 + 薄荷精油0.5毫升 + 丝柏精油1.5毫升 + 香水酒精5毫升

如果你还想把精油香水做些变化，可以在消耗掉一些之后，参考下面的选项来补充：

- 补1毫升香水酒精，让它香味更淡雅些。
- 补充薰衣草精油，香味会变得大方，比较像是中性香水。
- 补充雪松精油，甜香度更高且有后味。
- 补充花梨木精油，香味的变化转折增加更丰富些，也有点热带气息。
- 补充桧木精油，香味变得厚重、深沉。
- 补充茶树精油，香味会带点消毒感，多些安全感。

↑你如果喜欢某些浪漫花香精油，又怕闻久会腻，也可以用冷杉调味，让花香更多些内涵与深度。

- 补充橙花精油，在冷杉的香味基础上添加了花香，更显高贵气质。
- 补充葡萄柚精油，增添很棒的果味。
- 补充苦橙叶或是佛手柑精油，都可以合适的增加舒服好闻的气质。
- 补充尤加利精油，尤加利也是水系香味，有着舒爽的叶香。
- 补充迷迭香精油，可以作为运动如瑜伽、跑步的香水，也可以消掉一些汗臭味。
- 补充香蜂草精油，香味会更迷人且灵活，让你多些创意！

以冷杉为配方的知名香水

使用冷杉作为配方的品牌香水，如DSQUARED是意大利的时装品牌，因获得丹娜采用而知名度大开。他们在2007年推出的男性香水“HE WOOD”，调香师Daphne Bugey设计的配方以清新木质的香气为主调，其中的后味就参考了冷杉，再搭配紫罗兰、雪松、麝香等，营造出冷冽又感性的森林氛围。

雪松

喜马拉雅森林

†

中文名称
雪松
英文名称
Cedarwood
拉丁学名
Cedrus deodara loud

重点字	抚慰
魔法元素	金
触发能量	沟通力
科别	松科
气味描述	甜美的木质香，带有檀香的尾味与优雅
香味类别	甜香／醇香
萃取方式	蒸馏
萃取部位	木心
主要成分	β–雪松烯（β–Himachalene）、α–雪松烯（α–Himachalene）
香调	前—中—后味
功效关键字	芬多精／呼吸／滋补／抗菌／防霉
刺激度	低度刺激性
保存期限	至少保存三年
注意事项	无

雪松遍布全球，主要的品种就有几十种，而雪松精油根据香型特征，也分为三大系统，分别为北美雪松、大西洋雪松以及喜马拉雅雪松，所以如果你闻到气味不同的雪松，也不用怀疑。

雪松的三大系统

北美雪松又称为铅笔柏

北美雪松又称维吉尼亚雪松，它的香味，简单的形容就是你削铅笔时会闻到的那种木头味。原因很简单，几乎所有的铅笔所用的木料都是北美雪松，所以北美雪松又称

↑雪松很适合作为圣诞树。

为铅笔柏。这是一种比较干净的木头味，和以下两种雪松都不一样。

大西洋雪松历史悠久

原产于黎巴嫩的大西洋雪松，也是古埃及人用来作为祭祀、制作木乃伊的香料，也是圣经上记载的雪松。它的香味比较甜美，色泽偏黄，在木类精油中非常独特，可以说和所有其他松杉柏类的香味都不一样，俗称香柏木。

喜马拉雅雪松最甜美

喜马拉雅雪松是大西洋雪松的亚种，因为生长于高海拔、极冷地区，所以油脂纯浓，我们还发现纯度高到甚至有结晶产生，而味道，更多一种深沉的甜味，尾味还能带

雪松精油 | 气味厚重，可以从前味一直延续到后味，且这种甜美香味的滋润性非常好，所以也适合呼吸系统较弱、常常咳嗽感冒的人，作为随身香氛。

着檀香木那种韵味，有着相当棒的气味与质感。

这三种雪松的香味差别甚大，也各有特色与爱好者。有些人特别喜欢削铅笔的香味，但是有些人会觉得那是种刺刺的木头香，大西洋雪松与喜马拉雅雪松香味都很甜美，但有些觉得它的甜香程度已经超越木头香了。总之，在调配香水时，善用各种香味的特色就好，精油香水并无好坏差别，只有会用与不会用。

↑雪松有许多品种，差别在不同的叶形外观上。

雪松精油作为香水配方的使用时机

† 既然北美雪松又称为铅笔柏，有着铅笔的香味，那用北美雪松调配出特有的书卷味、文创味，也就是水到渠成的事了。

† 北美雪松这种刺刺的木头味，可以与其他味道较为温和温暖的味中和，例如花香与果香系的精油，达到较为平衡的效果。

† 相较之下，大西洋雪松与喜马拉雅雪松因为是甜美的木头香味，喜马拉雅雪松更多带些檀香的尾味，要做出持久又香味美好气质优雅的香水就很容易，所以这两种雪松精油更常见于香水配方中。

† 雪松精油的气味厚重，可以从前味一直延续到后味，且这种甜美香味的滋润性非常好，所以也适合呼吸系统较弱，常常咳嗽感冒的人，作为随身香氛。

† 雪松香气的系统与宗教融合，适合作为有信仰的朋友调配香水，或是出入宗教场合时使用的香水，当然包含婚丧喜庆这类聚会，也很适合。

† 民间认为雪松精油是“避小人远邪气”的精油，所以如果你想避免诸事不顺，可以用雪松来“开运”。

雪松主题精油香水配方

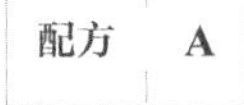

喜马拉雅雪松精油3毫升＋
香水酒精5毫升

因为有两种雪松且气味差别非常大，我们先用喜马拉雅雪松的甜香系，也可以用大西洋雪松，作为认识的开始。这种来自木心的甜香，在木系精油中非常少见，尾味会带有檀香醇的韵味，所以特别适合用酒精推展，细细品尝。

↑民间认为雪松是“避小人远邪气”的能量精油，所以如果你想避免诸事不顺，可以用雪松来“开运”。

配方 B 配方A＋北美雪松精油1毫升＋松针精油1毫升

雪松饱满的香气已经从前味涵盖到后味了，所以可以添加另一种系统的北美雪松及松针作为修饰即可。当两种雪松混合在一起的时候，饱满香甜的特性激荡出细致新鲜的铅笔木香，这是芬多精控的最爱。

配方第27号

爱上雪松

喜马拉雅雪松精油3毫升＋北美雪松精油1毫升＋松针精油1毫升＋香水酒精5毫升

这是标准的男性香、原野香、自然香、芬多精香的配方，当然如果你参考以下的配方建议，会更多变些：

- 补充1毫升香水酒精，让它香味更淡雅些。
- 补充花梨木精油，香味的变化转折增加更丰富些，活力强一些。
- 补充桧木精油，香味变得厚重、深沉。
- 补充尤加利精油，可以搭配出舒爽的叶香。
- 补充迷迭香精油，可以延展香味变得轻松些，作为户外香水，以及消汗臭味的体香剂。
- 补充乳香精油，后味会多些细致饱和的木香。

✣ 补充冷杉精油，是除了松针与丝柏外不错的选择。

✣ 补充马郁兰精油，削弱香甜味，如果你不希望太甜的话。

✣ 补充杜松莓精油，效果类似于丝柏与马郁兰，也是降低香甜感增加细致性。

✣ 补充广藿香精油，创造东方色彩与宗教特色。

✣ 补充罗勒精油，在香甜味中隐藏药草香，可以增加质感。

✣ 补充岩兰草精油，合适的比例能激发出雪松中的檀香醇，更具檀香的后味。

✣ 补充肉桂精油，温度感与香甜味结合，能出现热情洋溢且温馨的氛围。

✣ 补充茴香精油，辛香味与甜香味互相支援，可以得到很棒的调香香味。

↑雪松是标准的男性香、原野香、自然香、芬多精香的配方。

以雪松为配方的知名香水

使用雪松当作配方的香水非常多，其常见或是以雪松为主要特色的有如下。

Byredo
超级雪松（Super Cedar）2016
瑞典品牌香水

品牌——拜里朵

香调——木质花香调

前调——玫瑰

中调——雪松

后调——香根草、麝香

属性——中性香

Jo Malone London Rain Black Cedarwood & Juniper
2014祖玛龙–伦敦雨季——黑雪松与杜松

香调——辛辣木质调

前调——孜然、甜椒

中调——杜松

后调——雪松

属性——中性香

调香师——Christine Nagel

花梨木

亚马孙森林

中文名称
花梨木
英文名称
Rosewood
拉丁学名
Aniba rosaeaodora

重点字	灵感
魔法元素	木
触发能量	企划力
科别	樟木科
气味描述	花香、果香、木香都完美地融合在花梨木的香味中
香味类别	幽香／醇香／花香
萃取方式	蒸馏
萃取部位	木心
主要成分	α–蒎烯（α–Pinene）、芳樟醇、松油醇、沉香酯
香调	前—中—后味
功效关键字	玫瑰／创意／变化／热带／雨林／生命力／平衡／创造
刺激度	极低刺激性
保存期限	至少保存三年
注意事项	蚕豆症患者不宜

花梨木又翻译为“玫瑰木”，因其英文为Rosewood，虽然它在品种上和玫瑰其实是毫无关系的。

这种原生地在亚马孙流域雨林地区的特殊木种，前些年因为砍伐严重濒于灭绝，近年来在计划栽种下又得以恢复正常供应，这使得花梨木的爱好者的芳疗师们能比较自在的使用这种独特的天然精华。

接触花梨木精油气味前一定要先了解它的产地背景，最好你能亲眼看见或亲身体验一下何谓“热带雨林”。那是个湿气重、枝叶茂密、生命力旺盛的地方，如果把动植物甚至昆虫微生物算进去，全世界生命最密集的地方，在这种环境下生长的花梨木，毫不意外的拥有最丰富的气味。

我常常认为花梨木本身就是一种“复

方”，同时拥有花类精油的芬芳、木类精油的坚毅与质感，以及果类精油的甜美，每一个与我交换经验的同好们也都同意这种说法。花梨木的气味是复杂而又多变的，单纯的品位它的气味就是很好玩的事：你会一直闻，一直想，也一直有不同的感受，共同的方向是：越接触一定会越喜欢这种气味，而且男女皆然。

花梨木的气味会婉转变化，可是应用于香水调配上，它又变成和谁都合的友谊大使。和薰衣草一样，我常用它来表现前味与中味，也常用它来填补任何我调香中的空档。它可以让玫瑰变得更芬芳，让甜橙变得更甜美，让冷杉变得更亲和。简单地说，它让所有其他精油因为有了它，变得更好闻，并且添加了灵活的变化趣味，这当然是一瓶你一定要有的配方。

↑花梨木有很好的转化能力，作为轻香水的配方适合用来改变、转化体味。

花梨木精油作为香水配方的使用时机

† 如果你实在没灵感该用什么精油作为配方，用花梨木精油准没错。

† 或是你原本的配方中，缺了某一种精油，也可以用花梨木精油来代替。

† 花梨木精油被视为灵感创意的来源，很适合作为文创工作者的香水。

† 花梨木精油有很好的转化能力，作为轻香水的配方适合用来改变、转化体味，例如夏天容易有汗臭味的人，可以试试花梨木精油。

花梨木主题香水配方：文创工作者的香水

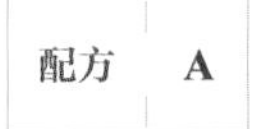

花梨木精油3毫升＋
香水酒精5毫升

放置一天后试香，花梨木精油的香味已经被酒精拉开了，应该可以闻到花梨木前味那种带着酸酸果香，有点像是日本梨香酒

花梨木精油 | 花梨木精油本身就是一种“复方”，同时拥有花类精油的芬芳、木类精油的坚毅与质感，以及果类精油的甜美。

的酸甜香味，到了中味会转甜，尾味不是很够。

所以我们可以调整些精油，强化中后味。

配方 B	配方A＋薰衣草精油1毫升＋安息香精油1毫升

放置一天后试香，前味没有那么酸，变得更甜美，这是一颗比较熟比较甜的水梨，一直到中味，交给安息香接棒，呈现完美的香草甜味。

如果你是超级喜欢花梨木精油的香味，配方A可以让你得到满满的花梨香氛，不过配方B可以让香味更完整一些，算是正式的香水。

配方第28号

爱上花梨木

花梨木精油3毫升＋薰衣草精油1毫升＋安息香精油1毫升＋香水酒精5毫升

如果你还想把花梨木精油香水做些变化，可以在用过一些之后，参考下面的选项：

- 补充1毫升香水酒精，让它香味更淡雅些。
- 补充玫瑰天竺葵精油，让这款香水变得更迷人妩媚。
- 补充冷杉精油，可以变成中性香水。
- 补充迷迭香精油，带来灵活的草香。
- 补充岩兰草精油，让后味不会太甜。
- 补充苦橙叶精油，多强调些酸香味。
- 补充马郁兰精油，让气味更迷惑人。
- 补充芳樟叶精油，气味变化性更强，敏感者可能会头晕。
- 补充柠檬精油，增添活泼气息。
- 或是补充其他你喜欢的精油，因为花梨木是百搭精油，所以随便你补充什么都能配。

以花梨木为配方的知名香水

Sarah Jessica Parker Lovely
《欲望城市》主角莎拉·洁西卡·派克女性淡香水

Givenchy Ange ou Démon 纪梵希魔幻天使女性淡香水（法国前总理之女玛莉·史黛希Marie Steiss代言推荐！）

香调——馥郁花香调

前味——卡拉布里亚柑橘、白色百里香、藏红花

中味——玉唇兰、依兰花、百合

后味——东加豆、花梨木、香草、橡木精华

CK Eternity Moment
永恒时刻女性淡香水

香调——甜美花果香调

前味——石榴花、荔枝、番石榴

中味——中国粉红牡丹、西番莲、睡莲

后味——花梨木、喀什米尔覆盆子、麝香

桧木

古木森林

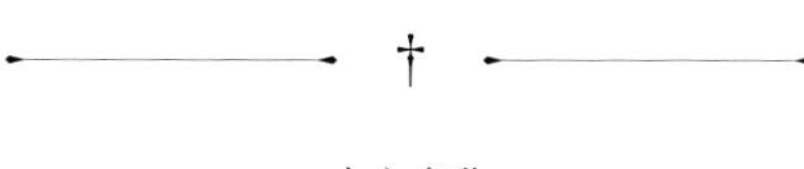

中文名称
桧木
英文名称
Hinoki
拉丁学名
Chamaecyparis obtuse

重点字	舒适
魔法元素	木
触发能量	企划力
科别	柏科
气味描述	非常有特色的独特木香，穿透力十足
香味类别	醇香／甜香
萃取方式	蒸馏
萃取部位	碎木屑
主要成分	δ–杜松烯（δ–Cadinene）、α–蒎烯（α–Pinene）、τ–杜松烯（τ–Cadinene）
香调	前—中—后味
功效关键字	芬多精／放松／舒压／排毒／好空气
刺激度	低度刺激性
保存期限	至少保存三年
注意事项	无

桧木是台湾特产，全球七种桧木中，台湾占了两种：红桧与黄桧（就是扁柏）。

当然台湾人对桧木的香味绝对不陌生，它就是老的原木家具所散发那种特有的深沉木香味，可以说是和每个人的记忆深深结合，例如：

爷爷家或是老家客厅那几个老木头椅，坐起来硬邦邦的。

日式建筑或是日本某些汤屋旅社，所散发出一股纯真的木香。

把老家具翻新刨皮时会发出的香味。

香味和记忆的联结非常强烈，所以以上这些经验如果你也有的话，自然能带出桧木那种慢活、细致、家的联结、泡温泉时的舒压、爷爷奶奶的疼爱……这些美好记忆。

作为木精油，桧木是最古老的，像是木

↑因为桧木与记忆的结合性，所以如果你用桧木精油作为随身的香味，很容易勾起别人的回忆，从而增加对你的信任感与亲切感。

类精油的老爷爷，因为产地的独特与稀有性，欧美芳疗师与调香师并不熟悉桧木精油，因此在配方中不多见。

当然我们必须解释清楚，现在台湾地区产的桧木精油都是从已经砍伐、各种木雕的下脚料中提取，原木并无新的砍伐。市面上或是地摊夜市会流传一种劣质的号称桧木油，其实是用漂流杂木来提取。

正宗的桧木精油会有厚实的木香中味与微甜的后味，而漂流木或杂木的“假油”则会夹杂着腐味、水渍味与树叶的杂味，有些还会带着焦味，因为他们懒得清理就直接火烧处理杂木。

桧木精油作为香水配方的使用时机

† 因为桧木与老一辈人的记忆结合，如果你用桧木作为随身的香味，很容易勾起别人

桧木精油 | 正宗的桧木精油会有厚实的木香中味与微甜的后味，而漂流木或杂木的假油则会夹杂着腐味、水渍味与树叶的杂味，有些还会带着焦味。

的回忆，从而增加对你的信任感与亲切感，还特别有长辈缘，所以如果男生要去女方家见长辈，用桧木保证会快速赢得好感。

† 同理，有机会与领导、大客户面谈开会，使用桧木作为职场香水，也一定加分，甚至还能带来话题（因为你让他们想起他小时候爬上爬下的木头桌）。

† 三十岁以下的朋友不建议使用，因为会有年龄不符的尴尬。

† 调好一瓶桧木香水送给长辈，作为随身香或是护身香水，能改善身心。

桧木主题精油香水配方

配方 A 桧木精油2毫升＋香水酒精6毫升

仔细闻你会发现桧木的香味比你想象中来得复杂。当香水酒精稀释后，桧木的香味也立体化了，前味略透出叶香的清香，厚重木香在中味接手，但是到了后味，甜香的尾味竟有点檀香那种醇香味，因为桧木是非常多年的原料，时间的累积也会在香味的堆叠上出现。

配方 B 配方A＋丝柏精油1毫升＋冷杉精油1毫升

丝柏和冷杉都是相对清爽的木香味，这种搭配就是在幽幽的古木林中，多透点阳光与清爽。

配方第29号

爱上桧木香

桧木精油2毫升＋丝柏精油1毫升＋冷杉精油1毫升＋香水酒精6毫升

这是款非常好用的配方，比较适合男性香水，给人稳重、可信、实在的形象感，也给人健康、大方的领袖气质。不太适合调整为女性香水，但是可以多加一些细致的草香或香料辛香成为中性香水。

✣ 补充乳香精油，增加些温和的后味，并把木香更柔和的表现出来。

✣ 补充迷迭香精油，香味会多点灵活性。

✣ 补充尤加利精油，添加更多叶香味。

✣ 补充花梨木精油，会让木香多些生命力也更中性。

✣ 补充杜松莓精油，木香可以修改得更细致些。

✣ 补充雪松精油，香味更厚实且甜美。

✣ 补充岩兰草精油，土木香会让这款配方走向更坚实与接地气。

✣ 补充丁香精油，辛香味会调整原先的木香出现另一种风貌。

✣ 补充黑胡椒精油，香味会变得老练与深度，会有更强大的影响别人的气场。

✣ 补充肉桂精油，香味能多些温暖。

丝柏

雨后的森林

中文名称

丝柏

英文名称

Cypress

拉丁学名

Cupressus sempervirens

重点字	长寿
魔法元素	木
触发能量	企划力
科别	柏科
气味描述	清澈而振奋的木头香
香味类别	鲜香 / 清香
萃取方式	蒸馏
萃取部位	木
主要成分	α–蒎烯（α–Pinene）、3–蒈烯（3–Carene）
香调	前—中味
功效关键字	排水 / 收敛 / 芬多精 / 永生
刺激度	极低刺激性
保存期限	至少保存三年
注意事项	无

有没有看过这样的场景？风景如画的欧洲，路旁笔直的松柏让人看了心旷神怡，路的尽头就是一处大庄园或是古堡，古堡主人邀请你品尝红酒……这种电影中的场景，松柏就是丝柏，丝柏正因为它的高大笔直，因此也被认为长青长寿的代表，而丝柏精油，也让你闻到香味的时候，仿佛看到它高大笔直的身影。

丝柏又称“西洋桧”，对男性来说，它的森林味道透露出稳定，坚强与信任，是男性最合适的香味。

为何称丝柏的香味为“雨后的森林”？因为它的木香是带着鲜度，就像是下过雨的森林一样。丝柏在心理上有提振精神的感受，属于正能量很强的精油，适合白天使用。例如在办公室使用丝柏精油，肯定每个人都朝气蓬勃。

丝柏也是能瞬间改善空气品质的精油，如果空气中有沉闷的怪味、霉味潮味，用丝柏就对了，当然也是去除异味。我最常见的配方就是用丝柏和其他精油调配去狐臭汗臭的配方，也因为丝柏本身没有什么刺激性，所以用在身上也可以。

丝柏精油作为香水配方的使用时机

† 丝柏精油是表达“清新小鲜肉”的男性香水推荐配方。

† 丝柏精油也是表达海洋气息与外向活泼性格的氛围香水。

† 如果你觉得你的精油香水配方太柔太甜香，可以用丝柏精油调味，降低甜香度，但不会干扰你原来的主轴与定位。

† 丝柏精油的香味具有收敛性与清爽性，所以它的香味也适合身材比较胖，或是你希望看起来更显瘦的人使用。

† 丝柏是很棒的中性香调，坚毅中带着穿透清新，如果你想设计讨好所有人的香味，别忘了丝柏精油。

丝柏主题精油香水配方

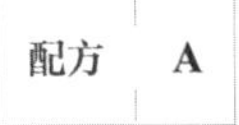

丝柏精油3毫升＋香水酒精5毫升

如果说冷杉是清“凉”木香味，那丝柏就是清“新”木香味，目前这两种精油你应该都已经了解其基本香调的定位，能区分得出吗？

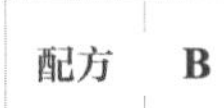

配方A＋乳香精油1毫升＋杜松莓精油1毫升

在此乳香精油是为了增加后味的稳定，而杜松莓精油是为了增加前味与中味的灵活，添加了带有莓果香的杜松精油，可以确保这个主题能让丝柏走出自己的路。

配方第30号

爱上丝柏

丝柏精油3毫升＋乳香精油1毫升＋杜松莓精油1毫升＋香水酒精5毫升

因为木系精油都能有稳定的前中后味表现，所以这些木香类的单体香水配方，其实都可以调配好之后，作为个人的多变运用。男性香水原本的选择性就少，整个木香系列就拿来作为男用香水的基础也是很棒的选择。

可以调整的弹性如下：

✣ 补充薰衣草精油，香味会多点中性与柔和。

✣ 补充尤加利精油，添加更多叶香味。

丝柏精油 | 丝柏精油的木香带着鲜度，就像是下过雨的森林一样，在心理上有提振精神的作用，属于正能量很强的精油，适合白天使用。

↑丝柏因为生得高大笔直，因此也被认为是长青长寿的代表，而丝柏精油，也让你闻到香味的时候，仿佛看到它高大笔直的身影。

- 补充桧木精油，木香味更厚实深沉。
- 补充雪松精油，香味更厚实且甜美。
- 补充檀香精油，整个香氛能量会大幅上升。
- 补充花梨木精油，会让木香多些生命力也更中性。
- 补充茴香精油，独特的辛香味会让木香多点辣味。
- 补充没药精油，会有更甜美的后味，也能把木香衬托出来。
- 补充岩兰草精油，土木香会让这款配方走向更坚实。

以丝柏为配方的知名香水

Tom Ford Italian Cypress, 2008
汤姆·福特–意大利丝柏

香调—木质馥奇香调

气味—柑橘、罗勒、薄荷、木质香、丝柏

属性—中性香

这是曾任Gucci首席执行长的Tom Ford自创品牌，他曾被称为“世界上最性感的同性恋男子”，任职期间把Gucci从濒临破产挽救回时尚宠儿。

松针

森林清晨

中文名称
松针
英文名称
Pine Needle
拉丁学名
Pinus sylvestris

重点字	抵抗力
魔法元素	木
触发能量	企划力
科别	松科
气味描述	爽朗的硬木香味
香味类别	幽香 / 甜香
萃取方式	蒸馏
萃取部位	针叶和末端小枝
主要成分	α–蒎烯（α–Pinene）、3–蒈烯（3–Carene）
香调	前—中味
功效关键字	芬多精 / 君子 / 气质 / 净化 / 舒压 / 干净
刺激度	极低刺激性
保存期限	至少保存三年
注意事项	无

辨识能力差的人会分不清楚松针、丝柏、冷杉这三种精油的香味差别，但是只要你同时接触并比较，还是能立刻分辨得出来。

丝柏是带着清新雨水的木香，冷杉是带着冰雪封顶的冷冽干净木香，而松针则是森林之晨，生物苏醒时，充满朝气的初始木香。

冷杉是清“凉”木香味，丝柏是清“新”木香味，松针是清“甜”木香味。

如果这样说还无法给你画面，我们可以把时间轴线拉得更长久一点，谈谈中国文化；因为在我们的历史认知中，松树称为“君子之树”，松与松针随时出现在国画中，总是那么飘逸，并与奇人隐士同处，松在地理的分布上，不像冷杉只有在寒带，不像丝柏是西方为主，松树是中国的、东方的常见树种。

松木是各种木制品中最常用的材料，因为最容易取得，所以其实在你的生活中，处处充满松木味。

而松针精油是以松树的针叶及小枝作为提炼来源，所以香味又比松木的香味多了些针叶的复杂与灵活，这也是它能带来清晨森林感的由来。所以当你接触松针的香味时，首先会闻到标准的松木香，这是你最熟悉的，然后在松木香味之后，则是较有变化与轻灵的针叶甜味与水味，如果你脑海中浮现松木森林的清晨，松针叶尖上还沾着露水，那就表示你能彻底感受到松针精油能表达的香味了。

↑松针精油属于中性香水与户外香水，运动香水的设定，松针精油可以增加男性使用者的信任感，但不会觉得呆板，增加女性使用者的个性化，但不觉得顽固。

松针精油作为香水配方的使用时机

† 松针属于中性香水、户外香水与运动香水的设定，松针可以增加男性使用者的信任感，但不会觉得呆板，增加女性使用者的个性化，但不觉得顽固。

† 松针在文化上有结合了君子气质的美名，所以如果你想调配“君子之香”，可以用松针精油来强化，并且也能给长辈或长官（老板／主管）对你的印象加分。

† 松针精油能帮助你的思绪更有穿透力，也不会干扰别人的思绪，创意工作者在工作中使用松针的香氛可以更有效率，是极佳的职场香水。

松针精油 | 以松树的针叶及小枝作为提炼来源，香味比松木的香味多了些针叶的复杂与灵活，这也是它能带来清晨森林感的由来。

松针主题精油香水配方

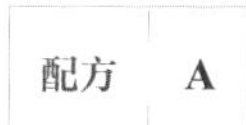
配方 A

松针精油3毫升＋香水酒精5毫升

在木类精油中，松树是生长成材比较快的，也是比较年轻的树种，因此合成的精油也属于较为灵活，前味比较明显，一般熟悉的木香味多半属于松树香。

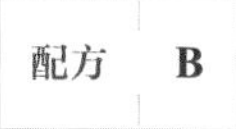
配方 B

配方A＋迷迭香精油1毫升＋冷杉精油1毫升

光用配方A会有点吃亏，因为松树香是太大众化的香味，走近正在装修的住家或商店，闻到的也是这种味道，所以我们会建议你再加点迷迭香及冷杉，把香味做些变化与修饰，不会让人错认为简单的木工装修味。

配方第31号

爱上松针

松针精油3毫升＋迷迭香精油1毫升＋冷杉精油1毫升＋香水酒精5毫升

迷迭香一向与干净的木味都很合，当香味多了些铺陈与转折后，就不会那么简单了，如果你愿意再多添加些风味，还可以有更多的变化。

- 补充薰衣草精油，香味会变得细致甜美，更像是中性香水。
- 补充雪松精油，甜香度更高且有后味。
- 补充薄荷精油，香味变得更凉爽轻松。
- 补充花梨木精油，香味的变化转折增加更丰富些与生命力。
- 补充桧木精油，香味变得厚重、深沉。
- 补充茶树精油，香味会带点消毒感，多些安全感。
- 补充葡萄柚精油，增添很棒的果味。
- 补充苦橙叶或是佛手柑精油，都可以合适的增加舒服好闻的气质。
- 补充尤加利精油，尤加利是水系香味，有着舒爽的叶香。
- 补充乳香精油，适合木香系的后味。
- 补充茴香精油，稍具个性的中后味添加，多些辛香味。
- 补充快乐鼠尾草精油，把草味更强调出来。

以松针为配方的知名香水

Acqua di Parma Blu Mediterraneo – Ginepro di Sardegna, 2014

帕尔玛之水–蓝色地中海——撒丁岛

香调—木质馥奇香调

前调—杜松、香柠檬、胡椒、多香果、肉豆蔻

中调—鼠尾草、松

后调—雪松

属性—中性香

这是诞生于意大利的精品品牌，后被LV收购。以男性香水系列闻名。

茶树

安全与清净

中文名称
茶树
英文名称
Tea Tree
拉丁学名
Camellia sinensis

重点字	无菌
魔法元素	木
触发能量	企划力
科别	桃金娘科
气味描述	稍刺鼻的清新穿透味
香味类别	刺香／清香
萃取方式	蒸馏
萃取部位	叶和末端小树枝
主要成分	萜品烯–4–醇（Terpinene–4–ol）、τ–松油烯（τ–Terpinene）
香调	前—中味
功效关键字	杀菌／消毒／消炎／清洁
刺激度	极低刺激性
保存期限	至少保存两年
注意事项	勿直接接触黏膜部位

在一般人的印象中，茶树精油非常好用，但是都是用在芳疗问题的处理上，很少听说茶树精油可以作为香水的配方。这实在是委屈了茶树精油。

在茶树的原产地澳洲，茶树精油作为非常广泛的应用，主要是在杀菌消毒方面，而茶树的香气也给人很明显的杀菌、清洁、消毒的暗示，所以茶树精油香味就带有明显的定义：安全与干净，这当然也是可以作为香水的设计元素。

如果你不带任何主观意识去闻茶树精油的香味，也能感受到它的消毒性、犀利性的药香味，所以说茶树能给人安全感。把这种安全感当作香水配方调香，就可以传达出安全感的信息；如果是柔性的香水配方中，可以降低甜美感、性感；如果是中性香水可以增加信任、自信、理智、权威等的氛围。

茶树精油的香味到底好不好闻这是个主观问题，对于只喜欢甜美柔情香系的人当然不喜欢茶树，但是对于理性清爽稳定的人来说，茶树就是很棒的味道，这也是用精油自己调香水另一种独特的角度，就是只要有调配的理由，香水配方不一定就是香香的。

茶树精油作为香水配方的使用时机

† 作为中性香水与男用香水，提供一种独特的香氛气味，表达出安全感与信任感。

† 把太甜太腻的香味化解时可以用茶树精油。

↑茶树精油能给人安全感，把这种安全感当作香水配方调香，就可以传达出安全感的信息。

† 需要突破性的前味，给人清醒理智感，可以用茶树精油。

† 破解臭味，例如汗臭体臭用的运动香水，破解负面环境，例如用于阴暗发霉角落的除臭用生活香水，可以用茶树精油。

† 别忘了茶树精油有非常棒的杀菌清洁能力，所以用茶树精油作为香水配方，另一个收获就是：能大幅的改善空气品质，有益身心健康。

茶树主题精油香水配方

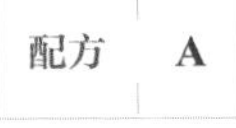

配方A 茶树精油3毫升＋香水酒精5毫升

如果你闻到这种气味觉得像是到了医院，我也不会怪你，因为这就是明显的消毒杀菌香味。但是别忘了，这是植物茶树精油的香味，不是化学消毒药水，所以稀释过后其实闻起来是很舒爽的，且这种香味会使人联想到医师、药师、护理人员，如果你正想表达类似的专业形象，这款配方将有很大的帮助。

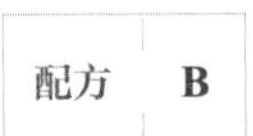

配方B 配方A＋尤加利精油1毫升＋迷迭香精油1毫升

茶树精油 | 有非常棒的杀菌清洁能力，所以用茶树精油作为香水配方的收获就是：能大幅地改善空气品质，有益身心健康。

↑如果是柔性的香水配方中，茶树香味可以降低甜美感、性感，如果是中性香水可以增加信任、自信、理智、权威等等的氛围。

用迷迭香与尤加利修饰过后，还是维持干净清洁的氛围形象，但是消毒感没有那么强烈，这是很好的居家生活香氛，也是除臭除霉除油腻等负面恶劣氛围很好的配方。

配方第32号

爱上茶树

茶树精油3毫升＋尤加利精油1毫升＋迷迭香精油1毫升＋香水酒精5毫升

这是一款穿透力很强的配方，明显的前味适合作为古龙水或生活香水，它可以立刻改善沉闷腐旧不洁的空气，注入活力与健康。作为香水配方，它也可以提供阳光正能量的形象。不过它的中后味不足，所以还可以改良如下：

- 补充薰衣草精油，让香味更宜人。
- 补充薄荷精油，让前味更明显穿透力更强。
- 补充甜橙精油，增加些天真活泼与阳光正能量。
- 补充柠檬精油，增添活泼气息。
- 补充香蜂草精油，香味会更迷人且灵活。
- 补充丝柏精油，香味会变得清新。
- 补充苦橙叶精油，就是很棒的中性香水。
- 补充乳香精油，改善后味使更有深度。
- 补充雪松精油，香气甜美而饱和。
- 补充冷杉精油，是不错的男用须后香水。
- 补充茴香精油，多一点特有的辛香增加气质。
- 补充花梨木精油，香味会变得婉转多变。
- 补充岩兰草精油，补充很好的土木香后味。
- 补充杜松莓精油，增加中性的缓冲，以及不温不火的中味。
- 补充安息香精油，增加香草般的甜美感。
- 补充没药精油，增加甜美的药草香。
- 补充黑胡椒精油，增加香味的温度。

尤加利

叶绿素的香味

中文名称

尤加利

英文名称

Eucalyptus Australia

拉丁学名

Eucalyptus radiate

重点字	呼吸
魔法元素	金
触发能量	沟通力
科别	桃金娘科
气味描述	清新带有薄荷凉味、略冲鼻、有穿透力
香味类别	鲜香／清香
萃取方式	蒸馏
萃取部位	叶和末端小树枝
主要成分	桉油醇（Eucalyptol）、松油醇（Terpineol）
香调	前味
功效关键字	抗螨／呼吸／净化／杀菌／协助
刺激度	中等刺激性
保存期限	至少保存两年
注意事项	癫痫症患者宜先咨询

作为最通俗且最入门的精油之一，尤加利的确是每个人想用精油达到身心灵保健最推荐的精油。

作为香水配方？当然可以。

因为尤加利就是标准的叶绿素香味，如果你只是把尤加利精油瓶盖打开凑过去闻的香味是不准的，把尤加利精油扩散出来、挥发出来闻，才能还原真实的叶绿素香味。尤加利公认是最能改善空气品质的精油，也是去味能力最强，这当然是生活香水的首选，但也会是你调配个人香水时，独特的小秘方。

如前所述，它搭配果类与木类精油，可以转变与调整其单纯性，多了生命力，且因为它的价格便宜，我把它和香茅一起列入"群众演员"香味：便宜、好用，香味独特又不干扰。

香茅是适合草类、花类的搭配精油，尤加利是适合木类、果类的搭配精油。

尤加利精油作为香水配方的使用时机

† 表达清爽与阳光最好的香氛氛围。

† 尤加利精油有净化空气的能力，所以适合作为运动香水。

† 尤加利精油能中和并消除异味，例如新家装修时的各种怪味想要快速消除，可以用尤加利作为配方，所以搬新家或是装修，或是会出入一些空气品质不良的地方，都可以作为随身香水。

† 同理，还有一种妙用是消除口臭或二手烟，不管是自己的还是别人的。

† 尤加利精油也可以作为衣物香水，让衣物有股舒服的太阳味，还能赶走尘螨。

↑尤加利能中和并消除异味，例如新家装修时的各种怪味想要快速消除，可以用尤加利作为配方，所以搬新家或是装修，或是会出入一些空气品质不良的地方，都可以作为随身香水。

尤加利主题精油香水配方

配方 A 尤加利精油4毫升 +
香水酒精5毫升

纯尤加利精油与用酒精稀释过的尤加利精油，香味闻起来有很大的不同。稀释后的尤加利香味柔和多了，不像纯尤加利那样刺鼻，能出现很棒的叶香味，所以尤加利也是大众反应非常正面的应用型精油，因为香味宜人、用途广泛。

配方 B 配方A + 迷迭香精油1毫升

用一点迷迭香调香，可以让尤加利的香味更温和，这样的微调就够了。

尤加利精油 | 被公认是最能改善空气品质，也是去味能力最强的精油，所以是生活香水的首选，也是调配个人香水时，独特的小秘方。

配方第33号

爱上尤加利

尤加利精油4毫升＋迷迭香精油1毫升＋香水酒精5毫升

这是一款没有压力的生活香氛，可以直接使用，也可以微调后作为个人香水使用。

- ✣ 补充薰衣草精油，提供柔和且大众化的香味。
- ✣ 补充马郁兰精油，提供香味的深度气质。
- ✣ 补充柠檬香茅精油，提供较为强烈鲜明的草香。
- ✣ 补充果类精油，提供果类的新鲜果香与酸香。
- ✣ 补充芳樟叶精油，有着更多变的香气。
- ✣ 补充茴香精油，提供较为辛香的后味。
- ✣ 补充桧木精油，更符合中性或男性香水的设定。
- ✣ 补充冷杉精油，香味会更透明清澈。
- ✣ 补充雪松精油，有甜美木香的定香与后味效果。
- ✣ 补充丝柏或松针精油，是很棒的运动香水或是除汗臭香水。
- ✣ 补充岩兰草精油，增加后味与留香度。
- ✣ 补充丁香精油，让香味更有意境，耐人寻味。

↑尤加利精油是老少皆宜的大众香味，因为叶香的特性，使得它很容易和木类或是果类及其他叶类精油调配，共同营造出自然原野的气息。

芳樟叶

饱含芳樟醇的糖果香

中文名称
芳樟叶
英文名称
Ho Leaf
拉丁学名
Cinnamomum camphora

重点字	怀旧
魔法元素	金
触发能量	沟通力
科别	樟科
气味描述	可乐的香味
香味类别	鲜香／清香／叶香
萃取方式	蒸馏法
萃取部位	叶
主要成分	芳樟醇、樟烯、杜松醇、咖啡酸
香调	前—中味
功效关键字	提神／驱虫／叶绿素／怀旧
刺激度	略高
保存期限	至少保存两年
注意事项	蚕豆症患者不宜

芳樟叶是以芳樟树的嫩枝及叶作为提炼来源，在精油界最知名的就是它饱含沉香醇，也就是芳樟醇。

这是一种类似糖果店所散发出的香味，甜甜的又让人非常放松，所以据说沉香醇是香水工业中用量最大的原料之一。

如果你想知道什么是糖果店的香味，最接近的描述就是可乐的香味了，这样是否立刻有感觉了？因为芳樟叶的这种特质，所以在香水原料中自然少不了它，不过你用芳樟叶精油和香水工业用的芳樟素还是不同的东西：前者是自然植物提炼的精油，后者只是指其中一个主要成分。

虽然芳樟醇广泛用在香水工业中，但是很少看到哪种香水会把它列为标示的香味来源，原因颇耐人寻味。

因为芳樟叶还有樟脑成分，所以要避免有蚕豆症的病患接触到。

芳樟叶在台湾地区并不陌生，因为台湾地区曾经是世界级的樟木产地，所以自然会联结到某些儿时记忆，例如刚拿出来的衣服上总是带着些樟脑的味道。

芳樟叶精油作为香水配方的使用时机

† 当你设计主要的精油香水配方时，需要搭配或陪衬用的精油香味，可以用芳樟叶，它可以增加香味的厚度。

† 沉香醇的主成分可以增加香味的灵活度，让香味不会死板更有变化性。

† 芳樟叶精油的比例不可过高，有些人（特别是个性比较理性的）会让他们迷惑或是不安，因为他们无法跟上这种香味的变化性，所以适可而止就好。

† 其实另一款类似这种多变香味的精油，也是沉香醇含量比较多的精油是花梨木，使用原则也类似。

芳樟叶主题精油香水配方

配方 A 芳樟叶精油3毫升 + 香水酒精5毫升

甜叶香的前味，接着是多变的沉香醇香，就是标准的芳樟香味，更多的记忆是来自小时候乡下办桌请客一瓶一瓶开着喝的老配方汽水味，那种香甜的口感，也是芳樟香味。

配方 B 配方A + 马郁兰精油1毫升 + 岩兰草精油1毫升

这种多变的香甜味，可以用马郁兰的草香与岩兰草的土木香加以修饰，改善过甜，并增加后味的留香，让香味更耐闻也更持久。

配方第34号

爱上芳樟叶

芳樟叶精油3毫升 + 马郁兰精油1毫升 + 岩兰草精油1毫升 + 香水酒精5毫升

虽然经过修正，但是这款香水配方还是维持着芳樟叶那种飘忽不定的多变香味，所以补充的精油有着更多的稳定意义了。

✣ 补充薰衣草精油，可以增加香味的甜美度。

✣ 补充迷迭香精油，增加草香的稳定度。

✣ 补充甜橙精油，增加快乐的气息。

✣ 补充乳香精油，后味会更持久且更有深度。

✣ 补充罗勒精油，会让香味变成一种猜不透

芳樟叶精油 | 当设计精油香水配方需要搭配或陪衬用的精油香味时，可以用芳樟叶，它沉香醇的主成分可以增加香味的灵活度，让香味不会死板更有变化性。

↑芳樟叶是以芳樟树的嫩枝及叶作为提炼来源，在精油界最知名的就是它饱含沉香醇，这是一种类似糖果店所散发出的香味，甜甜的又让人非常放松。

的状态，这种香味会引人对你好奇，增加注意力，并且猜不透你的心思。

✣ 补充快乐鼠尾草精油，同上，这也是一种迷惑别人的香味。

✣ 补充香茅精油，香味会更饱和且有中味后味。

✣ 补充依兰精油，大幅的增加性感的魅力。

✣ 补充肉桂精油，会让香味更成熟些，也更有温度。

✣ 补充尤加利精油，这也是中性香水还适合做运动香水。

✣ 补充玫瑰天竺葵精油，让这款香水变得更迷人妩媚。

✣ 补充丝柏精油，可以增加木香的稳定度。

✣ 补充广藿香精油，可以中和原本的多变性，添加些药香味与异国情趣。

苦橙叶

调香师最喜欢的香气

中文名称
苦橙叶
英文名称
Petitgrain
拉丁学名
Petitgrain bigarde

重点字	舒压
魔法元素	金
触发能量	沟通力
科别	芸香科
气味描述	香味夹着木质香，也有橙花香、青草香及浓厚的柑橘味
香味类别	酸香／甜香／果香
萃取方式	蒸馏法
萃取部位	叶及小枝
主要成分	乙酸沉香酯（Linalyl acetate）、沉香醇（Linalool）
香调	前—中味
功效关键字	舒压／解腻／细致／放松／香水
刺激度	中度刺激性
保存期限	至少保存两年
注意事项	无

苦橙叶在橙类的家族中，具有独特的定位。因为橙应该是大众最熟悉的果类，如果细分，又可以分为：

甜橙（Sweet orange），在橙的标准香味上，又以甜味为主特征。

苦橙（Bitter orange），在橙的标准香味上，又以苦涩味为主特征。

血橙（Blood orange），在橙的标准香味上，又以酸味为主特征。

以上三种果类提炼的精油中，苦橙较为少见。而叶类则以苦橙叶最常见，花类则以甜橙花与苦橙花较为常见。

现在来说说苦橙叶。

苦橙叶有特殊的英文俗名，Petitgrain，这个名称来自法文，又称为回青橙。

苦橙叶从一开始就是作为古法香水的原

↑橙花的香味，与其说是沉思，不如说是一种净化，甜橙花的味道中有甜橙的香甜单纯，又有橙叶的涩中带苦，又有花香般的余味缭绕。

料的。

要描述它的气味，就要从苦橙出发，在标准的橙香味之上，多了苦涩味，这种苦涩味反而增加了它的深度与耐闻度，有些人觉得甜橙太肤浅，太单纯，而苦橙叶的耐人寻味性就强多了。

由于苦橙叶精油是从苦橙的果、叶、嫩枝中提取的，所以它的香味当然更复杂，你也可以把它想成带着叶香的果味，或是带着果香的叶味，且在这些香味中，又多了苦橙特有的深沉与质感，这使得苦橙叶本身就有能前中后立体展开的香味层次。

苦橙叶精油

苦橙的果、叶、嫩枝都可作为精油提取原料，所以香味复杂，有带着叶香的果味，或是带着果香的叶味，且在这些香味中，又多了苦橙特有的深沉与质感。

橙的家族有三种

苦橙叶精油：简单的放松

苦橙叶可以感受到一种简单的放松，大脑及身体都慢慢放松……靠着枕头，深深地吸一口气，橙花的味道，充满整个空间。

橙花精油：沉思中的安眠

橙花的香味与其说是沉思，不如说是一种净化，甜橙花的气味中有甜橙的香甜单纯，又有橙叶的涩中带苦，又有花香般的余味缭绕。终于体会出为何橙花总被形容成不那么女性的香气，确有着知性幽雅的魅力。

随着呼吸，我的脑袋早就一片空白，骨头也整个松弛酥麻，通常不用五分钟，什么都不用想，马上入睡。

不过若是在浴室，又是另一种感受，苦橙叶五滴、橙花两滴、一池水，真的可以想一些事情，起码泡水的时间可以很久很久也不在乎，真的可以转移脑袋杂乱的思绪，减轻焦虑，算是一种效用吧！

→苦橙花、苦橙叶、苦橙果都可以提炼精油，你喜欢哪一种？

甜橙精油：单纯的快乐

至于甜橙，我喜欢它单纯的快乐果香，洒在餐桌上的装饰花上，洒在汽车内的阔香石中，洒在皮包里……这样我才会被突然冒出的香甜快乐，给我一个许多生活的惊喜。

苦橙叶精油作为香水配方的使用时机

† 苦橙叶精油饱和的香味适合春天与秋天使用。

† 苦橙叶精油是诗意的香味，如果你希望用香氛帮助思考或是增加灵感，可以多用苦橙叶。

苦橙叶主题精油香水配方

配方	A	苦橙叶精油3毫升＋ 香水酒精5毫升

↑苦橙叶是诗意的香味，如果你希望用香氛帮助思考或是增加灵感，可以多用苦橙叶精油。

苦橙叶是非常平衡的精油香味，兼具橙系的果香、酸香，叶的清香，尾味能带出甜香，难怪受到调香师一致的喜爱。配方A能充分感受苦橙叶有层次且丰富的香味展现，光是配方A就是不错的个人香水。

配方 B 配方A＋花梨木精油1毫升＋薰衣草精油1毫升

在配方A的基础上，加上两种中性百搭的花梨木与薰衣草，目的是让苦橙叶的主香系更耐闻，更为人接受。在原来明显的橙香前味之后，温馨柔情的薰衣草带来花香加上草香，灵活的花梨木带来木香与花香，使得这款配方应该是你随手可配，且绝不失败的经典配方。

配方第35号

爱上苦橙叶

苦橙叶精油3毫升＋花梨木精油1毫升＋薰衣草精油1毫升＋香水酒精5毫升

在这款经典配方之外，可以做的变化会让它更有属于你想表达的特性：

- 补充乳香精油，多了后味的定香，可以使香味更有深度也更持久。
- 补充迷迭香精油，让草香味打底，整体香味能更饱和。
- 补充甜橙精油，增加些天真活泼与阳光正能量。
- 补充雪松精油，补充中味与后味，香气甜美而饱和。

✣ 补充冷杉精油，适合中性或男性香水。

✣ 补充依兰精油，香水树百花香会让花香更丰富。

✣ 补充香蜂草精油，香味会更迷人且灵活。

✣ 补充尤加利精油，适合中性香水及运动香水。

✣ 补充柠檬精油，可以调整橙香与柠檬香。

✣ 补充玫瑰天竺葵精油，有更棒的花香展现。

✣ 补充岩兰草精油，非常适合的后味，让香味更平衡。

✣ 补充松针精油，香味会变得清新并带有木香甜味。

✣ 补充橙花精油，更顶级的橙香，会让香味多一些气质。

✣ 补充杜松莓精油，增加中性的缓冲，以及不愠不火的中味。

✣ 补充安息香精油，增加香草般的甜美感。

✣ 补充没药精油，增加甜美的药草香。

✣ 补充茴香精油，多一点特有的辛香增加气质。

✣ 补充姜精油，增加香味的温度与厚度。

以苦橙叶为配方的知名香水

Miller Harris Le Petit Grain, 2008
米勒·哈瑞丝——献给苦橙叶

这是属于订制型香水，调香师以向苦橙叶致敬的概念设计它的香氛系统。

香调——柑橘馥奇香调

前调——香柠檬、柠檬、柳丁、苦橙叶、当归、迷迭香、葛缕子、龙蒿、薰衣草

中调——橙花

后调——橡木苔、香根草、广藿香

属性——中性香

调香师——Lyn Harris

↑设计香水时，每次补充不同精油，可以慢慢修正调整成更适合的配方。

Chapter7

圆融饱和树脂香系

树脂香系列大多是后味。

后味的意思不是只有后面才会出现的香味，而是越到后面越明显，留香度比较高，性状比较黏稠。

树脂香多半是以酯类成分为基础。酯类是植物自行合成的有机成分中，花时间最久，结构最复杂的。酒能越放越香就是因为随着放置时间，酒中所含的成分慢慢从醇类转化为酯类。

一般的精油也有类似的特性，放得越久的精油会越香，也是因为其中的成分慢慢转化为酯类。而树脂类精油还在植物的阶段，就在不断地合成酯类。因为树脂对植物来说，就是植物的财库，植物把多余的营养与

精华，以树脂的形式存起来，最稳定的形态就是酯类了。

树脂类精油的黏稠，挥发性低，多半香甜，全都是因为酯类的关系。

作为精油香水配方，树脂类精油多半作为后味，这是非常独特的角色，因为植物精油留香度多半很快，所以要靠树脂类精油作为后味打底就非常重要了。

对于使用者来说这也很重要，因为化学合成的香精最为人诟病的也是定香剂的成分，有非常多的定香剂（负责后味的化学香精）被证实有致癌、导致过敏、导致嗅觉迟缓等的后遗症，欧盟每年都会公布最新发现的香精中定香剂的致癌名单，并且严格管制。

简单地说，香水中的后味，关系到香水的留香时间长短，如果是化学合成的香精定香剂，有害的概率很大，如果是植物精油的定香剂就要靠树脂类的精油来调配了。

换个角度想，精油香水的香味持久度本来就比不上化学香精，这也是较为自然而温和，至少对人体无害的方式。

乳香

陈年甘邑

中文名称
乳香
英文名称
Frankincence
拉丁学名
Boswellia carteri

重点字	愈合
魔法元素	土
触发能量	执行力
科别	橄榄科
气味描述	沉静淡雅的木质香味，源源不绝。有质感的甜香味。
香味类别	醇香／能量香／甜香
萃取方式	蒸馏／溶剂萃取
萃取部位	树脂
主要成分	α–蒎烯（α–Pinene），柠檬烯（Limonene）、香桧烯
香调	中一后味
功效关键字	抚慰／愈合／抗老／神圣／宗教
刺激度	中等刺激性
保存期限	至少保存三年
注意事项	较黏稠

对乳香的香味印象，可以用某个使用过我们乳香的会员来信内容的描述……

“我用了乳香在我的香熏机中，一开始很失望，因为我根本没有闻到什么香味，但是当我有事离开房间一阵子再回来，一开门就闻到很棒的香味，是一种很深沉的木香带着一点甜香……”

这就是乳香的特色，因为乳香几乎没什么前味，挥发得又慢，所以一开始的确闻不到什么的，但是只要过一会它的香味会源源不断。乳香会让你由不得的深呼吸一口气好好品尝，让它顺着你的气管，到五脏六腑，好的乳香香味是顺畅的、滋润的，不呛不刺，仿佛是一种进补的香味。

很多芳疗师都推崇乳香的优点，也称之为“精油之王”，并且认为它可以改善非

↑中东的沙漠地带是乳香的原产地。

常多的身心问题。原产于中东一带的乳香自古就是珍贵的香料，直到今日，在阿拉伯的香料市场中也处处看得到泪滴状的乳香树脂。

乳香又称为“上帝的眼泪”，圣经记载当圣婴诞生在马厩时，东方三圣就是携带乳香、没药、黄金作为礼物，可见乳香神圣的地位与价值。

在精油香水配方中，乳香是非常好用的，因为它不会干扰别的精油的前味，所以可以和任何精油搭配，又因为它的幽静的木香与甜香，可以延长所有其他精油香味的后味。所以无论你是要做一瓶活泼的高调的香水，还是低调的安静的香水，乳香都很适合，可以说，乳香是精油香水入门者最简单的选择！直到你能掌握其他更复杂的精油香

乳香精油

乳香精油是精油香水入门者最简单的选择，因为它不会干扰别的精油的前味，所以可以和任何精油搭配，又因为它的幽静的木香与甜香，可以延长所有其他精油香味的后味。

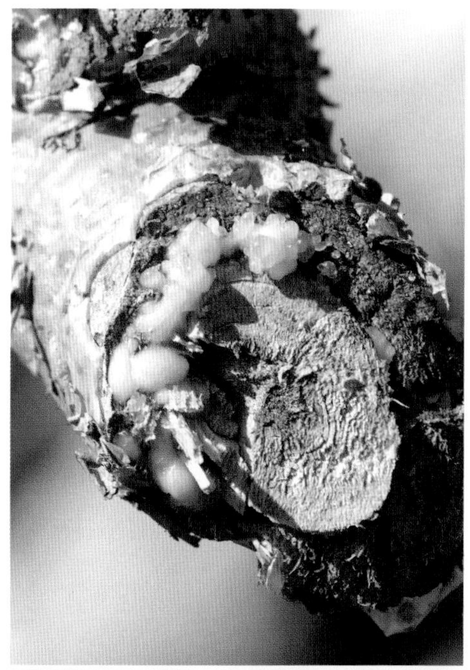

味之前，乳香就是不可能失败的后味精油。

乳香精油作为香水配方的使用时机

† 在你还没掌握各种复杂的精油香味之前，乳香就当作后味的首选，因为它是干净、单纯、稳定的木香加上甜香的后味。

† 你也可以用乳香为主题，加上一些木类精油，好好的把木香味发挥成很棒的男用香水，或者搭配果类与草类精油，调出中性香水或是少女香水。

† 在后味变化上，乳香也可以与其他后味精油调配，作为稳定。因为乳香有安抚其他香味的能力，也有极高的宗教能量，作为安抚性的随身香水配方，乳香有稳定情绪的力量。

乳香主题精油香水配方

配方	A	乳香精油3毫升＋香水酒精3毫升

用等比例的酒精：精油浓度，是因为乳香的前中味太低，只有后味，所以如果想先掌握乳香的香味，必须等比例，且至少放置一天。

如前所述，乳香的前味只有淡淡的甜香味，而在后面才会出现深度的醇香味，所以配方A是非常低调的。

←乳香又称为“上帝的眼泪”。

配方	B

配方A＋没药精油1毫升＋冷杉精油1毫升＋香水酒精2毫升

这是依照乳香的木香系，补上冷杉表达前味，没药表达中后味，让香味更完整些。

配方第36号

爱上乳香

乳香精油3毫升＋没药精油1毫升＋冷杉精油1毫升＋香水酒精5毫升

这款算是比较清爽的背景香水配方，没有太强的主控香味，若有似无的木质细致香氛但是香味却很持续，你可以把整款配方当作底香，再用更有个性的精油配方做加强，就可以轻松的调配出很棒的香水。

- 补充1毫升香水酒精，让它香味更淡雅些。
- 补充薰衣草精油，作为花香与草香的延续。
- 补充迷迭香精油，可以延展香味变得轻松些。
- 补充桧木精油，更强调深沉的木香香味。
- 补充葡萄柚精油，成为很有人缘的大众香水。
- 补充花梨木精油，香味的变化转折增加更丰富些。
- 补充马郁兰精油，文艺气息更强烈些。
- 补充杜松莓精油，在木香中增加细致性。
- 补充洋甘菊精油，出现强势香甜的多彩花香。
- 补充广藿香精油，创造东方色彩与宗教特色。
- 补充罗勒精油，在香甜味中隐藏药草香，

↑很多芳疗师都推崇乳香的优点，称之为“精油之王”，并且认为它可以改善很多身心问题。

→乳香几乎没什么前味，挥发得又慢，所以一开始的确闻不到什么的，但是只要过一会它的香味会源源不断。

可以增加质感。

- 补充佛手柑精油，增加有气质的酸香与果香。
- 补充岩兰草精油，后味能呈现的香味更饱和而令人惊艳。
- 补充肉桂精油，温度感与木香味结合，能出现热情洋溢且温馨的氛围。
- 补充茴香精油，增加独特的辛香味，可以得到很棒的调香香味。
- 补充依兰精油，转化为非常女性的香味。
- 补充玫瑰精油，更为升级的女性香水。
- 补充茉莉精油，会被茉莉主控全场，乳香配方成了背景香氛。

以乳香为配方的知名香水

Profumum Roma Olibanum, 2007
罗马之香

气味——橙花、檀香木、焚香、没药

Goutal Paris Encens Flamboyant, 2007
古特尔–天方夜谭系列——火焰乳香

香调——东方调

前调——焚香、粉红胡椒、胡椒、红浆果

中调——肉豆蔻、焚香、小豆蔻、鼠尾草

后调——冷杉、焚香、乳香脂

属性——中性香

调香师——Isabelle Doyen, Camille

这是该品牌天方夜谭系列：乳香、没药、琥珀、麝香四瓶中的第一瓶，又称为中东系列，因为全部以阿拉伯色彩浓厚的配方成分。

没药

埃及艳后的秘密武器

†

中文名称
没药
英文名称
Myrrh
拉丁学名
Commiphora myrrha

重点字	埃及艳后
魔法元素	木
触发能量	企划力
科别	橄榄科
气味描述	浓郁芬芳的树脂味，尾味带有香甜的花香及高贵的药草气质
香味类别	药香／醇香／甜香／熟香
萃取方式	酯吸萃取／蒸馏
萃取部位	树脂
主要成分	变胺蓝（Variamine）、α–愈创木烯（α–Bulnesene）
香调	中—后味
功效关键字	滋润／修护／东方／杀菌／法师
刺激度	中等刺激性
保存期限	至少保存三年
注意事项	非常黏稠

熟悉古文明历史的都知道埃及艳后和罗马帝国的恺撒大帝相遇的这一段故事。

罗马军团席卷各地，战无不胜，埃及公主虽是指定的王位接班人，却被政敌放逐，逃离首都，得知恺撒大军正追逐敌军来到埃及的附近，于是这位性感的埃及公主以毛毯裹身，命人将她送至恺撒的房间。

虽说恺撒征服天下，但埃及公主却征服了恺撒，一夜情之后，埃及公主成了恺撒的情妇，恺撒帮助她夺回王位，两人坐着皇家游船，共浴爱河。这段情史后来作为《埃及艳后》的电影题材。

没药，就是埃及艳后保养头发的配方，没药在当时本就是极为珍贵的香料，并且有滋润的功效，作为埃及公主，享用当之无愧，而这种奇香也让恺撒为之动情不已。

要知道香料是古代最珍贵的东西，不然也不会用乳香、没药与黄金作为圣婴诞生的献礼。没药有股独特的香味，温和甜美，抚慰心灵，有着与乳香类似的安抚性但是更甜美些，有点像是川贝枇杷膏那种甜甜的药草味，但是更复杂些，也更特殊些。

香味会勾起记忆，这是我们一再强调的，闻到某人特定的某种香味，你也会想起和这个人在一起的种种美好。埃及公主把握住一次见到恺撒的机会，就要让他惊为天人，从此难忘种种的美好，那么公主身上带的体香，发梢上的香味，都是魔法武器，让人难忘。或许当你读到这段故事，又能同时闻到没药的香味，你也会把没药和埃及艳后联系在一起，也会对没药产生莫名的好感与憧憬，可以让你好好的善用没药，成为你的“魔法武器”。

没药精油作为香水配方的使用时机

† 没药精油打底，如果配上浓郁的香味则是发挥热情似火的浓香系，适合表达热情；反之如果搭配温和清爽的配方则是属于治愈系，可以安抚与平静心灵，没药可以发挥的角度非常全面。

† 没药在香味系统中定义为东方香（这里的东方指的是中东一带，不是亚洲的远东），因为结合的历史典故，也有浓厚的宗教气息与古埃及氛围。对于我们来说，可以定义为异国情调。

† 在办公室或是较为正式的场合不建议用没药精油，因为香味太迷人，但是如果你想表达对激情的渴望，在卧室用上没药配方氛围的香水。

没药主题精油香水配方

配方 A　没药精油3毫升＋香水酒精5毫升

没药虽是后味强烈的树脂类精油，但是其前味中味也很明显，用酒精单独展开闻香，那种属于阿拉伯世界的浓香应该可以给你很深刻的印象。甜香与醇香并重，还有浓郁的药草香，没药在香水配方中，可以给你饱足感。

配方 B　配方A＋雪松精油1毫升＋依兰精油1毫升

因此我们在搭配没药的支援配方时，也可以用两种浓香明显的雪松精油与依兰精

没药精油

如果配上浓郁的香味则是发挥热情似火的浓香系，适合表达热情，反之如果搭配温和清爽的配方则是属于治愈系，可以安抚与平静心灵。

油，它们不但不会掩盖没药独特的香味，还能激发出更强的香氛，花香与甜木香，加上原本的醇香与药草香，因此这款配方的饱和度很高。

配方第37号

爱上没药

没药精油3毫升＋雪松精油1毫升＋依兰精油1毫升＋香水酒精5毫升

这款配方比较熟龄，也比较贵气与奢华，一如它最古老的主人：埃及艳后与罗马大帝一样，性感成熟且强势，如果还想把香味做变化，可以：

- 补充檀香精油，让后味出现强大的气场能量。
- 补充玫瑰精油，香味再升级。
- 补充茉莉精油，这是唯一比玫瑰还强势的香味。
- 补充乳香精油，舒缓一下香味的强度，在后味中出现更细致的木香。
- 补充安息香精油，会让香味更甜腻。
- 补充姜精油，让热情再升级。

以没药为配方的知名香水

Goutal Paris Myrrhe Ardente, 2007
古特尔–东方系列–没药微焰

香调——东方调
前调——没药、零陵香豆、安息香脂
中调——愈创木、没药、香根草
后调——蜂蜡
属性——中性香
调香师——Isabelle Doyen，Camille Goutal

这是设计香水中专门把没药作为主题，并且配上火焰的元素搭配出热辣辣的沙漠气息香水。

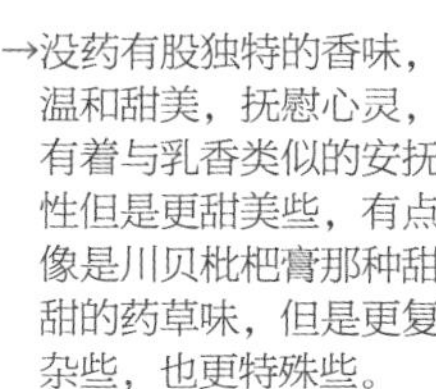

→没药有股独特的香味，温和甜美，抚慰心灵，有着与乳香类似的安抚性但是更甜美些，有点像是川贝枇杷膏那种甜甜的药草味，但是更复杂些，也更特殊些。

檀香

神圣黄金树

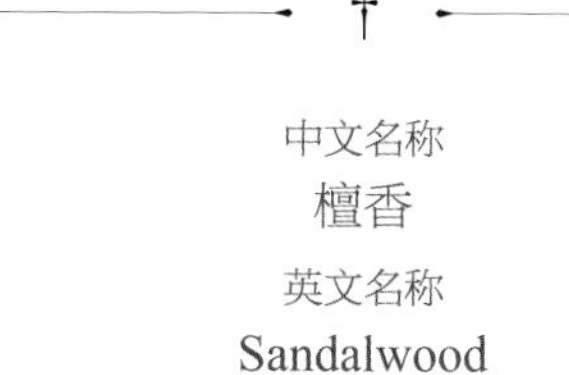

中文名称
檀香

英文名称
Sandalwood

拉丁学名
Santalum album

重点字	精油之神
魔法元素	木
触发能量	企划力
科别	檀香科
气味描述	木质香的顶级，细致且后味源源不绝
香味类别	醇香／能量香／甜香／熟香
萃取方式	蒸馏
萃取部位	木心
主要成分	E–香榧醇（E–Nuciferol）、α–檀香醇（α–Santalol）、金合欢醇（Farnesol）
香调	前—中—后味
功效关键字	能量／回春／性灵／抚慰／灵感
刺激度	极低刺激性
保存期限	至少保存三年
注意事项	无

很多人认知的檀香，就是庙里烧香拜佛的那种味道，或者认为家里铺的木地板有所谓檀香木、紫檀木也是檀香，这当然是错误的。

檀香木是一种半寄生木，树龄要达三十年以上才能提炼精油，六十年以上才能炼出好的精油，差别就在檀香醇与檀香酯的比例。檀香因为香味独特，在印度被视为经济价值极高的树木，目前印度的每棵檀香木都有编码，被当地政府列管。近年来由于大量砍伐，使得檀香木数量锐减，所以印度官方也采取限制出口的措施。因此，有许多精油厂商美其名为了环保，为了下一代还看得到檀香，所以出现很多假檀香木精油，这也是为什么市面上的檀香香味悬殊的原因。

檀香精油的品种其实并不多，全世界产

↑檀香木是一种半寄生木，树龄要达三十年以上才能炼油，六十年以上才能炼出好的精油。

檀香木的只有印度和澳洲。

澳洲不是檀香木原产地，适应力不够，所以香味不够沉静，木质的甜味不够，算是较劣等的檀香精油，价格也较低廉，也有以“澳洲白檀”称之。而在印度生长的檀香木当然也有等级之分，主要的正宗檀香是来自东印度的麦索尔。而号称西印度檀香的，大多指的是阿米香树，其香味不明显，精油性状较黏稠，产油量较高，价格便宜，功效与气味上和檀香完全不同。

正宗东印度檀香香味有多神奇

要确实掌握檀香的香味，要从几个方面来体会：最立体的香味展现就是用扩香仪或香熏机，开始的时候，会隐约闻到一些较为

檀香精油

檀香的甜味，不是简单的肤浅的甜，而是满足的，心悦诚服的甜，有点像得到答案，悟到真理般的和气知足。檀香的木味，则是刚而不硬，还带着木质的细致。

厚重的木香味，很舒服的进入你的呼吸道；只要一阵子之后，檀香就会占满你的整个空间，超过你的想象的气场源源不绝涌来，那是一种很清雅但是能量很强的香味！似有还无，一阵又一阵的在空中飘逸，不像熏烧的方式那么呛鼻。

这时你的身上、衣服上都会沾着檀香香味，就像是一股隐形的气场一样的保护你，和你靠近的人，都会觉得你今天气质非凡，有种说不上来但是存在的差异，这不是瞎掰，这是真正用上好的檀香才能打造出来！

之所以要特别为真正好的檀香精油做香味分析，是因为市面上绝大多数都不是正宗的檀香，也让一般人把假檀香误以为就是檀香，因此对檀香有很多误解，最常见的误解就是，“我不喜欢檀香，因为很呛，总让我想到宫庙和拜拜。”

檀香的甜味，不是简单肤浅的甜，而是满足的，心悦诚服的甜，有点像得到答案，悟到真理般的和气知足。檀香的木味，则是刚而不硬，还带着木质的细致。

能量最强的檀香精油

再举一个真实案例，曾有个使用者反应，他们家附近有办丧事，每次经过时都会有点心神不宁，回家后也觉得无法平静，于是他用檀香为底调了一瓶香水使用，就觉得安逸许多，这也是檀香作为随身香水的用法。

檀香精油作为香水配方的使用时机

† 檀香在精油中的单价是非常高的，但是其强劲的后味与持久不散的香气也十分值得。

† 有最强的气质气场，檀香可以说是“避小人、解厄开运、化解负能量”的香水配方首选。

† 檀香也是王者之香，所以作为主管、领导人办公室的背景香水，气质非凡。

† 檀香的后劲带着特有的甜香味，有一种

↑正宗檀香木产于印度麦索尔。

征服的暗示，所以也可以用在卧房增加情趣，因为征服感带来的性感，狂野无上限！

† 在社交场合使用檀香，则是另一种高明的配方，无疑向全场暗示你的出众气质，镇压全场同性，收服全场异性，男性女性使用皆然。

檀香主题精油香水配方

配方	A

檀香精油2毫升＋香水酒精5毫升

虽然只有后味，但是这绝对是让你难忘的后味。醇香入鼻时会让你感受到它的纯净，甜香可以有一种“甜在心头”的舒适感，檀香香水上身后，无形中会给你形成一层隐形的防护气场，你本人不自觉，但是所有你周围的人都会感应到。因为嗅觉的疲劳，檀香的香味过一会你可能就没感觉了，但是只要经过你附近的人，都会发现你的不同。

配方	B

配方A＋乳香精油1毫升＋雪松精油1毫升＋岩兰草精油1毫升

雪松在此只是作为檀香的前味开场用，而乳香则是与檀香共同作为后味的辅助。这

↑在社交场合使用檀香，是一种高明的配方，无疑向全场暗示你的出众气质。

↑檀香给人不凡的气质，一出场就是赢家，且香味持久也超过你的想象。

种配方可以延长檀香的香味，换个角度看也就是节省檀香的用量。

配方第38号

爱上檀香

檀香精油2毫升＋乳香精油1毫升＋
雪松精油1毫升＋岩兰草精油1毫升＋
香水酒精5毫升

檀香给人不凡的气质，一出场就是赢家，且香味持久也超过你的想象。这款配方以简单大方为主，不太需要修饰，但是你也可以做以下的添加：

- 补充薰衣草精油，作为香味打底。
- 补充花梨木精油，让木香多些变化。
- 补充茉莉精油，强势主导前味使之更女性化。
- 补充天竺葵精油，增加香味的温度。

以檀香为配方的知名香水

Tom Ford Santal Blush, 2011
汤姆·福特–嫣红檀香

香调——木质东方调

前调——肉桂、葛缕子、辛香料、胡萝卜籽、葫芦巴

中调——茉莉、依兰、玫瑰

后调——麝香、檀香木、雪松、安息香脂、沉香（乌木）

属性——女香

调香师——Yann Vasnier

TF专业香水品牌以檀香为主调调配的主题香水，超级浓郁的檀香味，而搭配的其他香味更强烈地凸显檀香厚度。

岩兰草

芬芳的泥土香

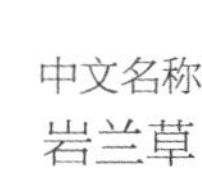

中文名称
岩兰草
英文名称
Vetiver
拉丁学名
Andropogon muricatus

重点字	信心
魔法元素	土
触发能量	执行力
科别	禾本科
气味描述	明显的土木香，深厚的草根香味，后劲十足
香味类别	浓香／醇香／能量香／泥香
萃取方式	蒸馏法
萃取部位	草根
主要成分	岩兰草醇、岩兰草酮
香调	中—后味
功效关键字	自信／土木／根基／安抚／修复／定香
刺激度	中等度刺激性
保存期限	至少保存三年
注意事项	非常黏稠

芳疗精油界称为岩兰草，香水界则是大大有名的香根草，普遍用于各种香水配方中，因为岩兰草（或称香根草）是自然植物精油中最特别的香味：土木香。

我们常说“芬芳的泥土”，但这大概只是文人的雅兴，应该没有人觉得泥土是香的，但是岩兰草却提炼出了土味的神韵、泥土的精华，因为岩兰草是从其根部提炼精油，真实的还原并且发挥了土香的特点，可以说是最接地气的精油香味。

这种独特的香味元素，也反映在岩兰草的应用特点上：它在心灵面是最能镇定、安抚，给予自信心的香味。更别提在香水界的使用，广泛用于各种香水配方中，成为凸显土木香的最佳代言人。

要怎么形容岩兰草的土木香呢？初闻时带着新鲜苔藓与普洱茶那种湿润温暖的香味；接着就会闻到厚实而复杂的各种大地元

素的深沉香味，类似于巧克力加上咖啡那种深沉的香味；接着酯的成分让尾味回甘，这时你才认识到，原来泥土真的是芳香的。

虽然岩兰草精油是用草根为提炼，我们还是把它放在树脂类的分类中，因为岩兰草精油的特征：黏稠，后味强劲，其实比较像是树脂类的特性。

岩兰草精油作为香水配方的使用时机

- 增加信心的香味，面试、演讲、发表、上台……都可以用岩兰草精油增加你的稳定与自信心。同理，这也可以作为增加安全感的香味，老公今天出差不在家睡觉，一个人害怕，就可以用岩兰草精油当作卧室香氛、睡前香水。
- 岩兰草精油是非常棒的后味与定香配方，所以在你各种精油香水配方中，都可以试试用它当作定香，就算是同一款配方，光是改变后味的组合，例如乳香、没药、岩兰草、安息香等精油都可以改变整款配方的方向。

↑岩兰草在心灵面是最能镇定、安抚，给予自信心的香味。

岩兰草主题精油香水配方

配方 A	岩兰草精油3毫升 + 香水酒精5毫升

土木香几乎可以包容一切，因为大地万物都是由土而生，入土为安，土地是自然界一切的开始与结束，香味也是如此。所以又称香根草的岩兰草几乎存于任何香水配方中。从配方A的厚实泥土香味中，你也可以找到香味的根源，获得一种踏实的感觉。

岩兰草精油 | 岩兰草是从草根提炼精油，真实的还原并且发挥了土香的特点，可以说是最接地气的精油香味。

配方	B

配方A＋迷迭香精油1毫升＋丝柏精油1毫升

迷迭香修饰了草香，丝柏修饰了木香，在土木香的基础上，用什么配方都显自然，所以说岩兰草是百搭的后味定香。

配方第39号

爱上岩兰草

岩兰草精油3毫升＋迷迭香精油1毫升＋丝柏精油1毫升＋香水酒精5毫升

这是一款很清新自然的植物香水配方，属于朴实无华且亲人的中性香水，在这个基础上，可以添加其他的元素做调整，出现更多的变化。

- 补充薰衣草精油，维持中性亲切路线的大众香水。
- 补充葡萄柚精油或佛手柑精油，添加活泼的果香味。
- 补充天竺葵精油，添加温暖的玫瑰花香。
- 补充香蜂草精油，香味调整为更灵活鲜明的风格。
- 补充松针精油，增加更多的中性木香，偏向男用香水或运动香水。
- 补充广藿香精油，另一种深厚的土木香及药香味。
- 补充安息香精油，更为放松与甜美的后味补充。
- 补充依兰精油，强调花香味。
- 补充茴香精油，添加辛香味。
- 补充黑胡椒或姜精油，增加暖香味。

以岩兰草为配方的知名香水

Tom Ford Grey Vetiver, 2009
汤姆·福特–灰色香根草

香调——辛辣木质调
前调——葡萄柚、橙花、鼠尾草
中调——肉豆蔻、鸢尾根、甜椒
后调——香根草、木质香、琥珀、橡木苔
属性——男香
调香师——Harry Fremont

香水专业品牌TF以岩兰草为主题发挥的男性香水，仿佛走入秋天金黄森林，地上橡木苔新鲜的香味仿佛在眼前。

Guerlain Vetiver, 2000
娇兰–香根草（伟之华）

香调——木质馥奇香调
前调——肉豆蔻、芫荽、橘子、橙花油、香柠檬、烟草、柠檬
中调——康乃馨、檀香木、胡椒、鸢尾根、鼠尾草、香根草
后调——皮革、零陵香豆、琥珀、麝猫香、橡木苔、香根草、没药
调香师——Jean–Paul Guerlain

精品品牌娇兰则是把所有吸引成熟女性的香味做成这瓶伟之华。

安息香

甜香宛如美梦

†

中文名称
安息香
英文名称
Benzoin
拉丁学名
Styrax benzoe

重点字	甜美
魔法元素	地
触发能量	体力
科别	安息香科
气味描述	香甜的香草味，带有安全感与抚慰心灵的特性
香味类别	浓香／药香／甜香／熟香
萃取方式	溶剂萃取
萃取部位	树脂
主要成分	肉桂酸乙酯（Ethyl cinnamate）
香调	中—后味
功效关键字	滋润／柔化／安全感／单纯的快乐
刺激度	中度刺激性
保存期限	至少保存三年
注意事项	非常黏稠

安息香仿佛香草冰淇淋的香甜味，是第一种直觉香味，但是不似香草那种单纯的天真的香味，安息香还多了类似蜂蜜枇杷膏的药香味，虽也是甜美，但是是一种滋润的甜，好像闻到这种香味，嗓子都顺了，唱歌会特别好听。所以称之为如美梦般的甜美，安息香后味中还带着母乳奶香味，这当然也是小宝贝最喜爱的香味。

安息香在香水界也很有名，知名的香水“鸦片”，就是用安息香当作成熟与性感的象征。有人形容它是“陈皮与木屑的混合香味”，也有人用安息香调配出“盛装打扮的贵妇”香水，但是别忘了！这都是要看你怎么搭配别的精油香味，想要勾引出哪种方向，作为出发点，它还是那种美梦般的香甜与滋润。

↑安息香有越久越香的特质，安息香的用量少些可以表达出乳香，比较接近天真愉快，用得多些可以表达出浓情与成熟。

安息香精油作为香水配方的使用时机

† 前味与中味用的是偏花香系列的精油配方，安息香可以表现出性感到成熟热情的后味。前味与中味用的是偏木香，或是清新系列的草香的精油，安息香又可以调整香味的厚度与温度，变得比较中性或是亲和性。

† 安息香有越久越香的特质，安息香的用量少些可以表达出乳香，比较接近天真愉快，用得多些可以表达出浓情与成熟，这些都是调配时要注意的，适量就好。

† 如果你原来用的精油是比较有个性的，例如快乐鼠尾草、罗勒、白松香……可以用安息香安抚其独特的个性香味，变得比较柔和些。

† 你也可以用安息香调配婴儿香水。刚出生的婴儿就有嗅觉，能闻出妈妈的味道，能找到乳水的来源，这是天生本能，而这些香味也构成基本的安全感，很多人习惯用自己从小就在用的旧枕头也是这个原因。因此，用安息香调配一种特殊的香味给宝宝，有着安全感的提示，可以让宝宝身心发育更健全。

安息香主题精油香水配方

配方 A

安息香精油2毫升＋香水酒精5毫升

安息香是香味明显的精油，所以只要2毫升都可以建立足够的主香调。

香甜如香草的前味，还是闻得到药草香的中味，和滋润平实的后味，如果你想走甜美系、果香系的香水，安息香是非常好用的配方。

配方A＋岩兰草精油1毫升＋甜橙精油1毫升＋薰衣草精油1毫升

岩兰草增加香味的深度，让香味更耐

安息香精油

安息香在香水界也很有名，知名的香水“鸦片”，就是用安息香当作成熟与性感的象征，有人形容它是“陈皮与木屑的混合香味”。

闻，甜橙和薰衣草共同增加安息香的香甜感特征，也增加它的讨喜程度，让这种香味更受大众欢迎。

配方第40号

爱上安息香

安息香精油2毫升＋岩兰草精油1毫升＋甜橙精油1毫升＋薰衣草精油1毫升＋香水酒精5毫升

这款配方给人充分的安神放松感，适合晚上入睡前的氛围，或是辛苦一天回家后，用在浴缸泡澡，经典的抚慰放松香氛。

你还可以调整配方内容如下：

- 补充1毫升香水酒精，让它香味更淡雅些。
- 补充迷迭香精油，让香味展开得更平衡些。
- 补充乳香精油，多些细致木香的后味。
- 补充果类精油，可以让香味更受欢迎。
- 补充香蜂草精油，香味会更迷人且灵活，让你多些创意！
- 补充苦橙叶精油，芳疗舒压效果更佳。
- 补充洋甘菊精油，瞬间香味升级变得超甜美疗愈系。
- 补充橙花精油，会让香味多一些气质。
- 补充花梨木精油，香味会变得婉转多变。
- 补充香茅精油，可以让香味更厚实。
- 补充雪松精油，香气会更偏甜也更饱和。
- 补充冷杉或松针精油，是不错的中性香水。
- 补充依兰精油，推荐入睡前得卧房氛围。
- 补充茴香／广藿香精油，多一点异国情调。

配方第41号

宝贝摇篮曲

安息香精油1毫升＋洋甘菊精油1毫升＋葡萄柚精油1毫升＋玫瑰天竺葵精油1毫升＋乳香精油1毫升＋香水酒精5毫升

这是一款专门推荐给小宝贝房间或摇篮床用的婴儿房香氛。在宝贝成长的过程中，给予安全、温暖、保护性的香味，可以让小宝贝的成长发育阶段，有着稳定且自信的辅助。这款带点奶香味微甜的配方，不但在香氛上有着完美的氛围，在精油的成分中也提供了许多珍贵的呵护成分，自然的呼吸吸收，分分秒秒的照顾你的小心肝！

以安息香为配方的知名香水

Guerlain Bois d'Armenie, 2006
娇兰艺术沙龙—亚美尼亚木香

香调——木质东方调

前调——鸢尾花、粉红胡椒、焚香

中调——芫荽、安息香、愈创木

后调——广藿香、麝香、苦配巴香脂

属性——中性香

调香师——Annick Menardo

这是娇兰当红调香师以安息香为主题设计的一款亚美尼亚风的香水。在香水物语中解释为“准备好再谈一场恋爱”。

Chapter8

温暖厚实香料种子香系

香料系统多半是我们熟悉的香味，因为在我们生活中早已接触，只不过不是以精油或是香水，而是生活经验。

美食与良药，就是香料香的基础，共同的特征是，都绝对是李时珍《本草纲目》中有记载的中药草，分别都有对人体相当的滋补作用或是药用，每种精油的香味也都会牵动大家的记忆与印象。所以说，香料香是有记忆的香味。

广藿香，绝对是中药店的记忆；茴香、肉桂，绝对是卤肉锅的记忆；黑胡椒、姜，绝对是冬令进补的记忆；罗勒，也和三杯料

理关系密切。

当这些熟悉的香味成了精油香水的配方，又有什么特点呢？

首先，它能牵动闻香者的记忆，这是好事，因为会让闻香者觉得有些熟悉有些亲切，要是又和某段特殊的记忆能结合那更棒，好感度加分。

这些精油既然都是滋补调理身体最棒的食材，也表示它们含有身体所必需的某些精华，可见在身心的帮助上，芳疗效果加分。

在前中后味的表现上，这些精油都有杰出的变化度，一个卤蛋有了茴香让它更香更有食欲，那么把茴香加到你的香水配方中又能有什么表现，让我们拭目以待。

“秀色可餐”这个成语，又有新的延伸引用了！

广藿香

神秘的东方香

中文名称

广藿香

英文名称

Patchouli

拉丁学名

Pogostemoncablin

重点字	中药
魔法元素	水
触发能量	交际力
科别	唇形科
气味描述	强烈的泥土味、木质味
香味类别	药香／异国香／暖香
萃取方式	蒸馏
萃取部位	叶全株
主要成分	广藿醇（Patchoulol）、α–愈创木烯（α–Guaiene）
香调	中—后味
功效关键字	杀菌／修护／平衡
刺激度	略强度刺激性
保存期限	至少保存两年
注意事项	怀孕期间宜小心使用，非常黏稠

广藿香可以说是香水原料中最能代表东方香味的精油了。

广泛地使用在各种香水配方中，甚至连电影《香水》中，主角破解畅销香水“爱神与赛琪”的配方时，也说出成分中有广藿香。

但是广藿香对东方人的我们来说，却是一种再熟悉也不过的香味了，因为广藿香有很明显的药草味，事实上，只要闻过的人都会同意它就是中药店里面最常闻到的那种药草香味。

广藿香精油是东西方都有盛名的药草，在西方叫作广藿香（Patchouli），在中国就是藿香，因为藿香产于两广之地，又称为广藿香。

中药有非常多的广藿香知名配方，例如

藿香正气散、藿香解毒丸等，广藿香在中药早就是必备良药。就是因为中药店常备，各种中药配方中也常用，所以广藿香成了记忆中中药草的标准香味。

在我们的交流经验中，某些人对广藿香非常喜爱，因为能带来安全感，但是也有人不喜欢它的药草味，这又是和记忆与经验有关了。广藿香属于土木香的一种，且因为是东方药草材料，所以在香味分类上属于东方香味或是异国情调。药草香在调配香水时有两面意义，合适的比例分量，能带来安全感与熟悉感，建立信赖，如果比例太高，牵动了负面的情绪，反而会引起反感。

在我的经验中也有类似的体认，某次的社交场所认识些新朋友，在攀谈中发现大家对我的背景，一致认为是医生，或是类似的专业人士。其实只要在你的香水配方中有着安全感的香味来源，你很容易给人专业感、信任感。

广藿香精油作为香水配方的使用时机

- † 广藿香透露出的安全与专业信息，很适合作为职场香水，能协助你建议形象。
- † 广藿香对西方人始终有着异国情趣的好奇心，所以如果想建立异国恋或是有机会出席一些国际友人的场合，可以考虑广藿香。
- † 广藿香丰厚的特殊药草香气，可以与果类与花类调配出别具气质的热情香水，也可以和木类与树脂类调配出男性坚毅稳定的个性香水。
- † 广藿香与岩兰草可以调出深厚土木香为基础的特殊香水。
- † 由于广藿香还有诸多药理特性，所以可特别以广藿香及乳香、雪松等护理性较高的精油，调配长辈用的护理香水。

广藿香主题精油香水配方

配方 A	广藿香精油3毫升 + 香水酒精5毫升

广藿香一直都是东方情调的代表香味，同时又是我们熟悉的药草香味，用香水酒精稀释后，先深刻地熟悉它的香味特征，了解何谓药草香并区分出所谓安全感，然后再用配方B把药草香隐藏起来，安全感成为一种暗示。

配方A + 依兰精油1毫升 + 安息香精油1毫升

广藿香精油 | 广藿香精油是东西方都有盛名的药草，在西方叫作广藿香（Patchouli），在中国就是藿香，因为藿香产于两广之地，又称为广藿香。

↑广藿香丰厚的特殊药草香气，可以与果类与花类调配出别具气质的热情香水，也可以和木类与树脂类调配出男性坚毅稳定的个性香水。

依兰与安息香都是较为浓郁且甜美的香味，用来隐藏药草香。配方B调味后，这是一款令人感到芳香且熟悉，性感且放松的香味，很好的延伸了广藿香的香系主题。

配方第42号

爱上广藿香

广藿香精油3毫升＋依兰精油1毫升＋安息香精油1毫升＋香水酒精5毫升

这款配方的香味略显华丽，有一种妈妈的味道。饱满的幸福与温馨，美好的甜香中透露出安全感与知足。可以做些补充与调整，修饰出更多变的配方：

- 补充1毫升香水酒精，让它香味更淡雅些。
- 补充薰衣草精油，保持香调且可以降低原先配方的成熟感。
- 补充迷迭香精油，香味多些草香会更恬淡些。
- 补充乳香精油，多些细致木香的后味。
- 补充果类精油，提升甜美度与受欢迎度。
- 补充苦橙叶精油，芳疗舒压效果更佳。
- 补充花梨木精油，香味会变得婉转多变。
- 补充香茅精油，可以让香味更厚实。
- 补充雪松精油，香气会更偏甜也更饱和。
- 补充冷杉或松针精油，是不错的中性香水。
- 补充茴香精油，特别的辛香味可以调整广藿香的药香味。
- 补充黑胡椒精油，让温馨感更加强。

以广藿香为配方的知名香水

Tom Ford White Patchouli, 2008
汤姆·福特–白色广藿香

香调——花香甘苔调
前调——香柠檬、牡丹、芫荽、白色花系
中调——玫瑰、茉莉、黄葵
后调——广藿香、焚香、木质香
属性——女香
调香师——Givaudan

不出所料的专业设计香水品牌TF会以广藿香为主题，推出一款订制的广藿香香水。

其他如香奈尔有一系列的香水，如Chance、Coco Mademoiselle、Les Exclusifs de Chanel Coromandel……都在配方中用了广藿香为元素。

肉桂

卡布奇诺的浓香

中文名称
肉桂
英文名称
Cinnamon Leaf
拉丁学名
Cinnamomum verum

重点字	卡布奇诺
魔法元素	土
触发能量	执行力
科别	樟科
气味描述	辛香气味，略冲鼻，有甜甜的麝香味
香味类别	药香 / 异国香 / 暖香
萃取方式	蒸馏法
萃取部位	叶
主要成分	丁香酚（Eugenol）、*p*–伞花烃（*p*–Cymene）
香调	中—后味
功效关键字	卡布奇诺 / 温暖 / 安抚 / 滋补
刺激度	强烈刺激性
保存期限	至少保存三年
注意事项	怀孕期间宜小心使用，蚕豆症患者不宜

在香水的香味分类中，有一种类别是“皮革香”。在自然植物精油的香味中，当然不会有皮革香，但是肉桂可以说是植物精油系统中最近似于皮革香的香味。如果你想了解并掌握肉桂的香味，可以从咖啡下手。我常说卡布奇诺要撒上肉桂粉是有原因的，肉桂温暖而厚重的香味，有着近似于巧克力可可的苦香味，所以我也遇过有些卡布奇诺咖啡会问你是要加可可粉还是肉桂粉，这两种有异曲同工之妙。所以温暖的苦香味，后味很浓郁，就是肉桂最有特色的特征。

不过肉桂的精油分成两种，肉桂叶（Cinnamon leaf）与肉桂树皮（Cinnamon bark）。肉桂叶的暖香味与厚度较轻，肉桂皮的肉桂醛含量接近肉桂叶的四倍以上，所以香味更明显。

肉桂的香味除了在气味尚能导引出温暖，使得你心情放松，其实在成分上肉桂醛也有杀菌、降血压等医药用途，这让你又多一个用它调香水的目的了。

肉桂精油作为香水配方的使用时机

† 温暖有厚度的香味，最适合冬天送暖的配方。

† 肉桂不只是传统的香料，也是中药材，所以非常适合调配给老人家使用，作为身心保健用的氛围香水。

† 传递温暖还有很多妙用，例如设计一款香水作为饭店迎宾大厅的香味，让客人觉得宾至如归；作为咖啡店的招牌香味，可以优化店里原本就有的咖啡香，所以肉桂也是很好表达温馨客主情感的商业香水。

肉桂主题精油香水配方

配方 A

肉桂精油2毫升＋香水酒精5毫升

如果用肉桂精油，辛香味会浓郁一些，肉桂叶则会淡一些，要注意如果是肉桂精油对皮肤的刺激性也高很多，尽可能不要接触皮肤。

熟悉的辛香与暖香味，后味会带着焦香与辣香，从前味到后味，肉桂都有丰富的香味打底，且密切的与每个人的记忆结合。

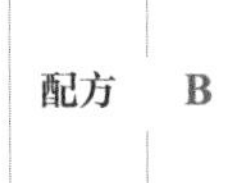
配方 B

配方A＋岩兰草精油1毫升＋葡萄柚精油1毫升＋依兰精油1毫升

用葡萄柚的甜果香修饰前味，用依兰的花香修饰中味，用岩兰草的土香修饰后味，使得这款配方在香味的层次上变得非常多元。

配方第43号

爱上肉桂

肉桂精油2毫升＋岩兰草精油1毫升＋葡萄柚精油1毫升＋依兰精油1毫升＋香水酒精5毫升

浓郁且有温度的香味，给人稳重的信任感，作为居家香水就是标准的甜蜜之家的氛围。所以也很适合在旅馆大厅或是任何一个人想展现家的温馨的地方作为香氛。你会发现市面上绝大多数的家居香氛饰品，都喜欢用肉桂的香味，也是这个原因。

✣ 补充1毫升香水酒精，舒解它的浓郁让香

肉桂精油

分成两种：肉桂叶与肉桂树皮。肉桂叶的暖香味与厚度较轻，肉桂皮的肉桂醛含量接近肉桂叶的四倍以上，所以香味更明显。

↑肉桂不只是传统的香料，也是中药材，所以非常适合调配给老人家使用作为身心保健用的氛围香水。

味更淡雅些。

✣ 补充迷迭香精油，可补充清新草香。

✣ 补充薰衣草精油，让香味更雅致平衡。

✣ 补充香蜂草精油，香味会更复杂多变，多带些柠檬清新香味及蜂蜜花甜美味！

✣ 补充橙花精油，会让香味多一些温馨与气质。

✣ 补充花梨木精油，香味会变得婉转多变。

✣ 补充柠檬精油，稍微调整香味的厚重感，多些穿透。

✣ 补充香茅精油，可以让香味更厚实，暖香味更浓郁。

✣ 补充雪松精油，香气会更偏甜也更饱和。

✣ 补充果类精油，香味的定调更阳光活泼些。

✣ 补充苦橙叶精油，与这款配方的其他精油是绝配。

✣ 补充快乐鼠尾草精油，能在原来的香系中出现独特的草香味。

✣ 补充冷杉或松针精油，更有冬天的味道与氛围。

✣ 补充广藿香精油，多一点异国情调。

✣ 补充茴香精油，辛香的香料味更添增家的温馨。

以肉桂为配方的知名香水

Viktor & Rolf Spicebomb, 2012
维特 & 罗夫–激情炸弹

香调——辛辣木质调

前调——香柠檬、葡萄柚、粉红胡椒、榄香脂

中调——藏红花、肉桂、甜椒

后调——香根草、烟草、皮革

属性——男香

调香师——Olivier Polge

这款香水最具特性的就是瓶装设计成手榴弹的炸弹风，的确引人目光，以肉桂及大量的温热香系包含烟草香、皮革香的配方就是要设计出火力十足的爆炸性香味。

Serge Lutens Feminite du Bois, 2009
芦丹氏–林之妩媚

前调——雪松、肉桂、李子、桃子

中调——公丁香、依兰、紫罗兰、橙花、生姜、玫瑰

后调——香草、麝香、檀香木、安息香脂

属性——中性香

调香师——Christopher Sheldrake

这款就是比较偏中性且热情妩媚的配方。

罗勒

解腻的清香

†

中文名称
罗勒
英文名称
Basil
拉丁学名
Ocimum bullatum lam

重点字	镇痛
魔法元素	火
触发能量	工作耐力
科别	唇形科
气味描述	略为清甜，带有独特辛香刺激的气味
香味类别	药香／刺香
萃取方式	蒸馏
萃取部位	叶
主要成分	甲基胡椒酚（Methyl chavicol）、β–沉香醇（β–Linalool）
香调	前—中味
功效关键字	消化／镇定／解痛／穿透／纾解
刺激度	略强度刺激性
保存期限	至少保存两年
注意事项	怀孕期间宜小心使用，蚕豆症患者不宜

罗勒的香味，你会觉得很熟悉但还是有些差别，因为台湾菜中常用的“九层塔”，就是罗勒的一种亚种，而意式料理中常做的“青酱”，就是用甜罗勒为主要材料。

甜罗勒主要是精油界用的，“九层塔”是台湾当地的特产，罗勒主要的香味是新鲜的青草味，带有独特的清爽感，甜罗勒的香味较为柔顺，“九层塔”的香味则更刺激。为什么三杯料理一定要撒下大量的罗勒？别忘了所谓三杯还有一杯是米酒，同时大量的大蒜也是少不了的，这就表示这几种调味：米酒、罗勒、大蒜，都是能为海鲜、肉类这些食材添加更多的香味。

罗勒精油作为香水配方的使用时机

- † 罗勒精油是有穿透力的香味，常常与果类精油调配作为香味小清新的保证。
- † 罗勒精油前味明显的药草香穿透性，中味有标准的辛辣香味，表达出“理性”的潜意识，后味会有甜香带出，所以罗勒也适合调配理性工作者或文创工作者的职场香水。
- † 罗勒香味配方适合白天使用，不适合晚上或是社交场合使用。适合淡香水不适合浓香水（香精等级）配方，因为清爽的香味还可以，太浓的罗勒香味就不适合了。
- † 你可以把罗勒精油当作个性香水的神来之笔，穿刺的香味也可以归类为火元素，所以除了和果类之外，也可以和香味较低调的树脂类调配，带动整体香氛。

罗勒主题精油香水配方

配方 A 罗勒精油3毫升＋香水酒精5毫升

饕客应该会直觉地认为，罗勒就是九层塔的香味，也是台湾菜三杯系列不可或缺的香味。当然，罗勒和台湾菜用的“九层塔”还是有差别，但是这种清爽略带辛香与甜香的罗勒，搭配大量的大蒜爆炒，的确是台湾菜一绝。

罗勒清爽具穿透的特殊香味，应该要稍加修饰，以免给人误会。配方A只是让你对罗勒的香味熟悉，才有把握作为调香配方。

配方 B 配方A＋迷迭香精油1毫升＋薄荷精油1毫升

选择迷迭香与薄荷精油，很明显的就是要以穿透为主，这是一个让人醒目并感受清新的配方，在香水使用的前期，香味还很新鲜的时候，就是活力与朝气的象征，而在一段时间后，香味虽然弱了，穿透力的草香还是能提供打破沉闷的能力。

配方第44号

爱上罗勒

罗勒精油3毫升＋迷迭香精油1毫升＋薄荷精油1毫升＋香水酒精5毫升

这款配方中的罗勒具有相当的刺激性，所以禁止接触皮肤敏感部位。

穿透与清新，是这款配方的特色，所以可以直接作为理性与文创类工作者的代表香

罗勒精油 | 属于前味明显的药草香穿透性，中味有标准的辛辣香味，表达出“理性”的潜意识，后味会有甜香带出。

水或是场所香水，也可以调整修饰过后，有更多元的使用搭配。

- 补充薰衣草精油，多些亲切宜人的香味打底。
- 补充甜橙精油，增加些天真活泼与阳光正能量。
- 补充冷杉或丝柏精油，凸显穿透性与男性香水的魅力。
- 补充苦橙叶精油，多些有气质的果香与苦香。
- 补充玫瑰天竺葵精油，改善尖锐感，更多些妩媚花香。
- 补充香蜂草精油，香味会更迷人且灵活。
- 补充广藿香精油，让香料味更复杂些。
- 补充花梨木精油，香味会变得柔和，婉转而多变。
- 补充乳香精油，整体香味会舒缓些，也改善后味的单薄使更有深度。
- 补充雪松精油，香气饱和偏甜，降低尖锐感。
- 补充尤加利精油，大方的叶香成为中性香水及运动香水。
- 补充茴香精油，多一点特有的辛香增加气质。
- 补充柠檬精油，增添果酸与活泼气息。
- 补充岩兰草精油，加些温和的后味。
- 补充安息香精油，增加香草般的甜美感。
- 补充没药精油，增加甜美的药草香。
- 补充黑胡椒精油，增加辛香味与温香味。

↑罗勒属于有穿透力的香味，常常与果类精油调配作为香味小清新的保证。

以罗勒为配方的知名香水

Jo Malone Lime Basil & Mandarin, 1999
祖玛龙–青柠罗勒与柑橘

香调——柑橘馥奇香调
前调——青柠、橘子、香柠檬
中调——罗勒、紫丁香、鸢尾花、百里香
后调——广藿香、香根草
属性——中性香
调香师——Jo Malone

黑胡椒

厚实的温香

中文名称
黑胡椒
英文名称
Black Pepper
拉丁学名
Piper nigrum

重点字	温补
魔法元素	土
触发能量	执行力
科别	胡椒科
气味描述	香味为辛辣的胡椒味，带有药味及草味
香味类别	辛香／幽香／暖香
萃取方式	蒸馏
萃取部位	种子果实
主要成分	β–石竹烯（β–Caryophyllene）、D–柠檬烯（D–Limonene）
香调	中—后味
功效关键字	消化／温补／调理／活血
刺激度	强烈刺激性
保存期限	至少保存三年
注意事项	怀孕期间宜小心使用

印度人远在四千年前即开始使用胡椒，这是古老而备受尊崇的香料，成品因采收和加工过程的不同而分白胡椒、黑胡椒，一般市售所谓的胡椒精油是指萃取黑胡椒所得。

黑胡椒的香味为明显的辛香味，有着和肉桂不同的温热感，并给予一种积极地勇往直前的干劲，心情沮丧时能给予温暖的感觉。

黑胡椒在料理中为辣味下了新的注解。谁都知道要吃辣当然是放辣椒，放胡椒只是辣香味更甚于辣的味觉。胡椒像是一股具体的、火辣辣的热情，而黑胡椒精油因为只提炼精华油的成分，所以只有胡椒特有的辣香味，如果与其他香味浓郁的精油如花类果类做调配，可以更好地凸显这种辣而不呛的丰富组合。

黑胡椒精油作为香水配方的使用时机

† 黑胡椒常用于热情、性感的香水配方。少用于职场或严肃的场合。

† 适合冬季或是你觉得需要温暖与热情的时机。

† 可以与其他香料类精油共同调配出温暖的家的香味，作为饭店民宿迎宾或就当作自己家里常备用。

† 具有一定的刺激性，请勿高浓度接触皮肤。

黑胡椒主题精油香水配方

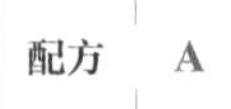

黑胡椒精油2毫升＋
香水酒精5毫升

黑胡椒属于后味型精油，所以这款配方在前味与中味的香味非常不明显。黑胡椒精油的辣味会比你想象中弱很多，只有淡淡的暖香与辛香后味。

↑黑胡椒常用于热情、性感的香水配方。少用于职场或严肃的场合。

黑胡椒精油	为明显的辛香味，有着和肉桂不同的温热感，并给予一种积极地勇往直前的干劲，心情沮丧时能给予温暖的感觉。

配方 B	配方A + 茶树精油1毫升 + 杜松莓精油1毫升 + 丁香精油1毫升

因为黑胡椒的香味比较“弱势”，所以我们在前中味中用了茶树与杜松莓做明显的穿刺香味，还有丁香这种比较有个性的辛香味，所有这些都可以在黑胡椒的后味中混搭在一起，呈现让人耳目一新的特殊香氛。

配方第45号

爱上黑胡椒

黑胡椒精油2毫升 + 茶树精油1毫升 +
杜松莓精油1毫升 + 丁香精油1毫升 +
香水酒精5毫升

这款配方有着海洋香调的透明感与鲜香，几种各有特性的精油香调表达出中性客观又另类的氛围，比较像是现代时尚的自我意识。这款配方还可以修饰的有：

- 补充薄荷精油，让香味更透明也更冷冽明显。
- 补充迷迭香精油，拉长原先香系的轴线。
- 补充葡萄柚精油，柔性果香有画龙点睛之效。
- 补充苦橙叶精油，多强调些果香与酸香味。
- 补充橙花精油，把原先的时尚感添增更多的气质形象。
- 补充冷杉或松针精油，更走向男性香水。
- 补充香蜂草精油，香味会更迷人且灵活。
- 补充岩兰草精油，充实后味，香味比较完整。
- 补充没药精油，也是不错的后味选择。
- 补充桧木精油，多些深厚的木香味与厚度，带来更多大自然的联想。

以黑胡椒为配方的知名香水

Jo Malone Rock The Ages Birch & Black Pepper, 2015
祖玛龙–桦木与黑胡椒

香调——木质东方调
前调——橘子、小豆蔻、胡椒
中调——桦木、广藿香
后调——古云香脂、香草、墨水
属性——中性香
调香师——Christine Nagel

↑黑胡椒可以与其他香料类精油共同调配出温暖的家的香味。

丁香

收敛的辛香

†

中文名称

丁香

英文名称

Clove Bud

拉丁学名

Eugenia caryophyllata

重点字	牙医
魔法元素	天
触发能量	意志力
科别	桃金娘科
气味描述	强劲、有穿透力的香料味
香味类别	辛香／刺香
萃取方式	蒸馏法
萃取部位	干燥花苞
主要成分	丁香酚（Eugenol）、乙酸丁香酯（Eugenol acetate）
香调	前—中味
功效关键字	杀菌／去腥／沮丧／元气
刺激度	略高度刺激性
保存期限	至少保存两年
注意事项	敏感肌肤需小心使用，蚕豆症患者不宜

丁香原产地于亚洲热带岛屿，在早年的香料大战中，始终是种各方争夺的重要香料来源。丁香树全株都可以提炼香精油，但是只有花苞部位的精油最为精华。

丁香精油的香味独特，有着清新的辛香前味，以及成熟的果香后味，常用于浓郁的花香类精油的调配。因为丁香独特的尖锐的辛香味，正可以让花香系的甜香不那么腻而更耐闻。也因为其香味的独特，也常用来表达异国情调或是东方调的香水配方。

在记忆联结中，因为丁香中所含的丁香酚也是以前牙科常用的消毒成分，所以如果小时候有上牙科的经验的人，会讶异于丁香会让他们回想起那段记忆。当然，现代牙医早就摆脱那种刻板印象了，只不过香味联结

←丁香独特的香料辛香前味，属于理智型或是古典型的香氛配方。

记忆，在丁香的这段过去经验中，还是会浮现出来。

丁香精油作为香水配方的使用时机

† 独特的香料辛香前味，属于理智型或是古典型的香氛配方。

† 作为搭配花香系或果香系配方的调整用，可以让原先习惯的甜香出现不一样的风格。

† 丁香属于大众较为陌生的特殊香味，因此丁香的配方也可以让你调配出具有神秘色彩的异香型香水。

丁香主题精油香水配方

配方 A 丁香3毫升＋香水酒精5毫升

单纯的接触并认识丁香的香味，感觉上就像抚摸一个精雕细琢的古木雕饰，充满纹理与时间的痕迹。丁香不是甜美花香系，你不会立刻迷恋，但是只要你熟悉它的独特气味，它就会是不错的搭配配方。

配方A＋茉莉精油1毫升＋薰衣草精油1毫升

丁香精油

丁香精油香味独特，有着清新的辛香前味，以及成熟的果香后味，常用于浓郁花香类精油的调配，因为丁香独特的尖锐的辛香味，正可以让花香系的甜香不那么腻而更耐闻。

单独用丁香和配方B搭配着用，你就可以感觉到丁香的不同。配方B是把丁香包起来用，让你原本熟悉的茉莉与薰衣草，有了丁香之后，呈现很特殊的香味，比较收敛也比较耐闻。

配方第46号

爱上丁香

丁香精油3毫升 + 茉莉精油1毫升 +
薰衣草精油1毫升 + 香水酒精5毫升

当比较重比例的丁香加在标准的百花香型的配方中，在直率甜蜜的花香中，多了一些木质辛香，这种调配法也适用于香料类精油与过于甜美的花香果香系的调配法。

- ✣ 补充甜橙精油，增加果香与鲜香感。
- ✣ 补充乳香精油，增加后味的深度。
- ✣ 补充苦橙叶精油，可以提供非常舒服的果香味。
- ✣ 补充雪松精油，香气更甜美而饱和。
- ✣ 补充杜松莓精油，增加中性的缓冲，以及不愠不火的中味。
- ✣ 补充依兰精油，添加百花香让香味更讨喜。
- ✣ 补充丝柏精油，香味会变得清新。
- ✣ 补充柠檬精油，增添活泼气息。
- ✣ 补充橙花精油，会让香味多一些气质。
- ✣ 补充花梨木精油，香味会变得婉转多变。
- ✣ 补充玫瑰天竺葵精油，让这款香水多些妩媚花香。
- ✣ 补充岩兰草精油，有很好的土木香后味。
- ✣ 补充安息香精油，增加香草般的甜美感。

以丁香为配方的知名香水

Aerin Lilac Path
雅芮–东汉普敦丁香2013

品牌——雅芮
香调——花香调
前调——女贞、白松香
中调——丁香花、百合、茉莉
后调——茉莉、橙花
属性——女香
调香师——Aerin Lauder

灵感来源自品牌创办人Aerin从自家花园中摘采的丁香花，想要捕捉出春天花园的情趣。

←丁香树全株都可以提炼精油，但是只有花苞部位的精油最为精华。

姜

暖而不辣的温香

中文名称

姜

英文名称

Ginger

拉丁学名

Zingiber officinale

重点字	滋补
魔法元素	土
触发能量	执行力
科别	姜科
气味描述	温暖、刺激、带有柠檬及胡椒气息
香味类别	辛香／暖香／泥香
萃取方式	蒸馏法／CO_2萃取
萃取部位	根部
主要成分	姜烯（Zingiberene）、β–甜没药烯（β–Bisabolene）、姜黄烯（Curcumene）
香调	中—后味
功效关键字	温暖／安抚／补身／平衡
刺激度	强烈刺激性
保存期限	至少保存三年
注意事项	怀孕期间宜小心使用

姜原产于亚洲，中国、印度一带，姜精油具有激励的作用，感觉平淡、冷漠的时候，姜的气味有穿透鼻腔，能温暖低落冷感的情绪，工作读书时可增强记忆，适用于精神疲倦时。有人说姜的香味像翻阅一本古老的魔法书，魔幻而复杂，充满力量，就如同姜本身给人的感觉一样，可以补身暖胃，暖意与安全感共存，后味的甘醇又像是炒熟的老姜一样，咀嚼时有甜味。

首先要区分姜花（野姜花）是姜科姜花属植物，英文为Ginger lily，和食用的姜Ginger为同科但是不同的植物，野姜花也有精油，稀少而珍贵。在此介绍的姜是姜根提炼的精油。因为是根部提炼，姜的香味会带些土香，又因为根部储存大量丰富的营养元素，因此姜的香味也变得复杂，且越是存放香味越甜美。

姜精油作为香水配方的使用时机

† 要调配具有东方特色、异国特质的香水时，姜具有独特的魅力。

† 适合冬季或是阴冷季节。

† 表达强势与个性，张扬与野性的具体化，带有气质与深度的性感，姜可以从前味一路引领至后味，并与其他中后味的精油香味一起共谱香氛乐章。

† 姜这种复杂多变的香味，适合熟龄以上的女性来驾驭与表达。

姜主题精油香水配方

配方 A 姜精油3毫升＋香水酒精5毫升

姜的香味多在后味，辛香而非辣香，尾味微甜回甘，能勾勒出温暖馨香感。因为前味不明显，所以这是款低调的配方。

↑要调配具有东方特色、异国特质的香水时，姜具有独特的魅力。适合冬季或是阴冷季节。

姜精油 | 根部提炼，所以姜的香味会带些土香，又因为根部储存大量丰富的营养元素，因此姜的香味也变得复杂，越存放香味越甜美。

配方 B	配方A＋依兰精油1毫升＋茴香精油1毫升

用依兰更鼓动出热情，用茴香强化中味与辛香感，所以这款配方更有温度也更高调些。依兰成为主香味，但是经过茴香与姜的修饰，香味更丰富些。

配方第47号

爱上姜

姜精油3毫升＋依兰精油1毫升＋茴香精油1毫升＋香水酒精5毫升

↑姜的香味魔幻而复杂，充满力量，就如同姜本身给人的感觉一样，可以补身暖胃，暖意与安全感共存，后味的甘醇又像是炒熟的老姜一样，咀嚼时有甜味。

经过依兰修饰的姜香，会有些野姜花那种清香与浓香共存的舒适，茴香是增加气质用的，还可以用以下这些配方做补充：

- 补充1毫升的香水酒精精油，纾解它的浓郁，让香味更淡雅些。
- 补充薰衣草精油，让香味更雅致平衡。
- 补充迷迭香精油，补充清新草香。
- 补充甜橙精油，增加更多的甜香与果香味。
- 补充佛手柑精油，让香味多些抚慰性。
- 补充安息香精油，有更甜美的后味。
- 补充岩兰草精油，增加土木香的后味。
- 补充花梨木精油，香味会变得婉转多变。
- 补充柠檬精油，多些酸香与鲜香的特征。
- 补充香茅精油，可以让香味更厚实。
- 补充橙花精油，会让香味多一些温馨与气质。
- 补充快乐鼠尾草精油，能在原来的香系中出现独特的草香味。
- 补充广藿香精油，多一点异国情调。

以姜为配方的知名香水

100 BON Eau De The Et Gingembre
2017
茉莉茶香与生姜

前调——葡萄柚、佛手柑

中调——茉莉花、生姜、香草

后调——麦香、香根草、雪松

这是法国香水之都格拉斯一家实验原创性极高的香水品牌的设计香水，尝试用茉莉花做开场，带出新鲜辣姜的香味，是非常清爽而有个性的香水。

茴香

家的味道

†

中文名称
茴香
英文名称
Fennel
拉丁学名
Foeniculum vulgare

重点字	香料
魔法元素	土
触发能量	执行力
科别	伞形科
气味描述	带有胡椒的刺激香味及熟悉的卤料香料味
香味类别	辛香 / 暖香
萃取方式	蒸馏法
萃取部位	干燥种子
主要成分	松萜（烯）、月桂烯、葑酮
香调	中—后味
功效关键字	消化 / 理气 / 丰胸 / 滋补 / 活血 / 生理
刺激度	刺激性略高
保存期限	至少保存两年
注意事项	无

茴香是中式料理中非常常见的香料，不过茴香也有分为好几个种类，最常见的有：

八角茴香（Star anise）：这是最常见用于卤味的料理包中必用的香料，也是大家最熟悉的香料。记忆为“卤肉用的茴香”。

洋茴香、大茴香（Anise）：这在中式料理中少见，却在西式料理常见的香料，或是在烘焙饼干、烤肉时腌肉都会用到，另外知名的茴香酒也是用这个作为原料。记忆为“欧式的茴香”。

甜茴香（Fennel）：有点类似洋茴香，香味更复杂些，尾味的回甘非常明显，所以称之为甜茴香。记忆为“回甘的茴香”。

孜然、小茴香（Cumin）：这是新疆烤肉必用的香料，近似于茴香，但是茴香的香味更清爽，而小茴香的香味更厚重，所以作

↑茴香的主调除了能穿透的辛香味外，还有温暖与刺激的双重特质，甜茴香还有回甘的尾味，可见其多变的特性。

为烤肉的香料就是这种厚重正好搭配红肉的香味。记忆为“新疆烤肉串的茴香”。

看来茴香真的是完全的和食物料理挂钩，我们到底是调配香水还是在烧烤卤肉啊？其实一切都在描述“家的味道”。以上的记忆点，只是给你画面感，这样才能尽快地理解出同样是茴香香味，却有不同的画面与内涵。

在芳疗精油中，以上这些不同的也都有不同的茴香精油，在用法上就要看你想要勾勒出什么样的感觉了。

为什么茴香会成为美食料理的最爱？

茴香精油

茴香是油腻肉类的刺客，可以化解油腻，同理，茴香也是浓厚香味的刺客，把太过浓郁的香味减轻其浓香的压力。

因为茴香的辛香味才能穿透肉类，特别是味道重的红肉的腥膻味，化油解腻，这就是香料精油最美妙的地方。你不可能单独吃香料（也并不好吃），但是香料可以把别的食材转化成美味，且越是多种越是复杂，也越让人着迷。

茴香的主调除了能穿透的香辛味外，还有温暖与刺激的双重特质，甜茴香还有回甘的尾味，可见其多变。在调配上，最常用的茴香是甜茴香，当然如果你手边还有其他的茴香，你又充分掌握其香味特征也可以作为调配。

茴香精油作为香水配方的使用时机

† 茴香是油腻肉类的刺客，可以化解油腻，同理茴香也是浓厚香味的刺客，把太过浓郁的香味减轻其浓香的压力。例如你调好的精油香水配方发现太浓香了，就可以用茴香来修正改善。

† 茴香别具一格的香味也可以用来柔和太有个性的香味。

† 茴香可以让男性香水配方更犀利更清澈，让女性香水更明亮更有层次。

† 茴香的香味可以藏进乡愁，牵动回忆，是一种耐人寻味有内涵的香味，所以如果你希望调出一瓶让人想不透却会一直想的香味，触发别人对你的好奇，可以用茴香当作配方。

茴香主题精油香水配方

欧洲地中海沿岸如法国、意大利、西班牙、土耳其，流行一种茴香酒，这是一种高酒精浓度并以洋茴香为材料酿造的白酒，如果你喜爱茴香的香味，又有机缘得到这种酒，不妨用其为香水酒精的基础来调配，肯定会有独特的风味（在当地这种茴香酒是作为料理用或是加水直接饮用）。

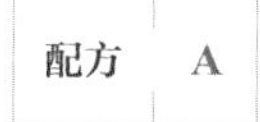

甜茴香精油3毫升 +
香水酒精5毫升

其实每一种茴香都有其独特迷人的香味，选择甜茴香是因为它最受欢迎：尾味有回甘的甜味。其他的茴香／孜然／八角也各有其特色，如果你怕买不到这些独特茴香的精油，可以在香料市场买到原料后，直接磨

↑茴香别具一格的香味可以用来柔和太有个性的香味。

碎成粉，并用香水酒精浸泡，只要一个月，你就可以萃取出它们的香气作为调香配方。

这些常用来料理的香料类精油香味都有个特色，就是解腻，例如你觉得昏沉无力，做事不起劲，脑袋常常不知道在想什么，可以多用茴香配方的香水解腻。

配方 B　配方A + 迷迭香精油1毫升 + 冷杉精油1毫升

我们推荐的搭配精油配方也是以清爽性为考虑，迷迭香和冷杉都具有穿透力，都是干净单纯的草香与木香，所以它们不会干扰茴香的清爽与辛香，且提供很棒的辅助香味。

配方第48号

爱上茴香

甜茴香精油3毫升 + 迷迭香精油1毫升 + 冷杉精油1毫升 + 香水酒精5毫升

这款配方属于清晰与理性思考的最佳辅助，可以当作中性香水，也可以调整后作为女用或是男用香水。

- 补充薰衣草精油，让香味维持中性与大众化。
- 补充柠檬精油，添增活泼气息。
- 补充乳香精油，增加后味的深度。
- 补充薄荷精油，提升清爽与穿透度。
- 补充雪松精油，香气更甜美而饱和。
- 补充杜松莓精油，增加中性的缓冲，以及不愠不火的中味。
- 补充依兰精油，添加百花香作为女性香水设计。
- 补充苦橙叶精油，可以提供非常舒服且讨喜的香味。
- 补充丝柏精油，香味会变得清新。
- 补充橙花精油，会让香味多一些气质。
- 补充花梨木精油，香味会变得婉转多变。
- 补充玫瑰天竺葵精油，让这款香水多些妩媚花香，作为女性香水设计。
- 补充岩兰草精油，有很好的土木香后味。
- 补充安息香精油，增加香草般的甜美感。
- 补充黑胡椒精油，增加香味的温度。

以茴香为配方的知名香水

Jo Malone Carrot Blossom & Fennel, 2016

祖玛龙–草本花园–胡萝卜花与茴香

香调——绿叶馥奇香调

前调——小茴香、苦艾

中调——胡萝卜、杏、橙花油、玫瑰

后调——紫罗兰、广藿香、麝香

属性——中性香

调香师——Anne Flipo

⋯ Part 3 —— 调香配方与范例 ⋯

市面上的香水千千万万种，如何让自己的香气与众不同且为多数人喜欢而能接受呢？当然是有方法的！只要把香水配方升级为香氛，应用在日常里，这样精油就不只是精油，香水也不只是香水，而是能结合两方特色，让香氛变成生活中不可或缺的一部分。

本篇除了破解市面上商业香水的机密外，也将公布完整的调香公式，并介绍调香的十大经典法则，还有近百种经典精油香水的配方与范例。最后还附有独家设计“调香流程图”“精油调香速简图”与“40种精油速记表”，让你一路玩香到底，轻松变身精油香水大师！

Chapter9

调香经典法则

完整调香公式：三阶十二香语

申论题变成填空题

人们常有选择困难症，越是自由创意发挥的主题反而越不知从何下手。精油香水配方也是如此，当几十种精油都可以用时（这只是最基本的），反而不知道该怎么搭配了。为了容易让大家更轻松的入手开始调配，我们把申论题变成填空题，你只要按照这个公式填空，就可以完成香水的配方，当然等你熟练了，你还是可以发挥申论的实力，更不受拘束的挥洒。这就是我们三阶十二香语的由来。

三阶十二香语

香水分为三阶：前味、中味、后味。

这是毋庸置疑的，要注意的是每种精油发挥的阶段不同，有些只有前味，最多到中味，几乎无后味，有些闻不到前味，但是后味明显，有些从前味到后味都能表现，所以三阶的分类，只是让你整体的配方获得平衡，并不能硬性规定，哪些精油只有前味，哪些只有后味。

大多数的精油的前中后味，都是固定的香味表现，但是有些精油在中后味时会有变化。有些精油会因为加了其他某些特定的精油，也会发生变化，这些都是需要你在调配时去感受的经验。

每阶用四种精油来表现，所以一共是十二种精油。

为什么是四种？因为这刚好让新手驾驭，多了无法掌握，少了又怕变化不够。

这个公式的由来就是从电影与世界名著《香水》而来的，对于所有想了解精油香水配方的人来说，这本原著就是必熟读的经典。我们把几个重点摘录解释如下。

† 1984年10月，35岁的德国人聚斯金德完成了他的第一本小说《香水》，立即轰动德语文坛，并被译成20余种文字。《香水》是德国有史以来最畅销的小说，在全世界销量达1500万册。21年后，小说终于被搬上银幕，与更多的观众见面。作者本人在香水之都格拉斯实际生活过，才写出这本书。

† 主角格雷诺耶为了保留世间最极致的香

味，因而杀了14位少女，搜集她们的体香，因为他的世界观中，取少女的体香就如同取鲜花的香味是一样的。

† 14位少女中，第一个是误杀，因为他还不知道如何取香，中间12位就是以老师傅教他调配香水要以三阶12香为公式，而最后一个就是最顶级最精粹的香，可以驾驭前面这12种香味。

† 真实世界里，调香师Christopher Laudamiel与Christopher Hornetz根据剧中主角格雷诺耶的嗅觉描述，配制了15瓶香水组合“Le Parfum”助兴，由近年主攻香水事业的Thierry Mugler时装屋限量发售，每套700元美金，其中14瓶味道来表达爱情、贞操、生命、热忱、财富、性欲……不少香味的“惊悚”程度实不亚于电影情节。而第15瓶Aura（气氛），是14瓶元素的合成。

↑大多数精油的前中后味，都是固定的香味表现，但是有些精油在中后味时会有变化。

† 在伦敦也仿效电影裸体画面，The Perfume Shop举办了一场裸体香水时装展，模特们全身仅“穿”香水走天桥，观众戴上眼罩，让鼻子充分发挥想象力，不过席间却频频有人忍不住偷窥，饱览春色。

经典名著香水启示录

这本书是完全用香味构筑的世界，所以如果你在调香的过程中，觉得香味是很抽象的很不好描述的，可以看看这本书，了解一下作者是如何用气味表达。

因为是作者亲自去格拉斯体验香水产业（类似打工换宿的概念），所以从书中的描述及电影的拍摄，你大概可以窥见中古时期的欧洲香水之都，是怎么提炼香水，古法精油香水又是怎么被运用。例如调香师只要调出独特的香水就可以名利双收，且当时的香水就是用各种精油调配出来的。

三阶十二香语简单地说，就是你从前中后味的分析，分别找四种共十二种精油，每一种精油都可以用一句话或是一个名词/形容词来表达，把这十二种精油调配在一起，就是你的精油香水想要表达的主题。

一开始这十二种精油可以平均分配，也就是比例一样，等到你对香味更熟悉或是有更明显的偏好，就可以增减每种精油的比例。

配方第49号

12香

薰衣草精油2毫升 + 甜橙精油2毫升 + 葡萄柚精油2毫升 + 冷杉精油2毫升 + 依兰精油2毫升 + 雪松精油2毫升 + 佛手柑精油2毫升 + 马鞭草精油2毫升 + 安息香精油2毫升 + 乳香精油2毫升 + 岩兰草精油2毫升 + 姜精油2毫升 + 香水酒精24毫升

其中：
· 前味四种精油：薰衣草、甜橙、葡萄柚、冷杉
· 中味四种精油：依兰、雪松、佛手柑、马鞭草
· 后味四种精油：安息香、乳香、岩兰草、姜
其代名词成为：
· 前味：平衡、活泼、青春、玉山（轻快的清爽的开场）
· 中味：浪漫、抚慰、解忧、创意（美好的中场）
· 后味：甜美、愈合、信心、滋补（完美的结局）
是不是有了代名词之后，整个含意的表现更具体些？

创造精油香气与体味的互动

精油香水高明之处，就是能与身体互动。《香水的感官之旅》一书作者表示：“……人工合成香水……它们是静态的香水，不能和擦香水人的身体起化学作用，更无法在肌肤上释放，你闻到什么就是什么……天然香水在肌肤上散发释放，随着时间有所改变，与身体的化学作用更是独一无二。”

“二十世纪伟大的调香师及哲学家劳德尼兹加评论道：‘气味存在我们之内，与我们合而为一，在我们体内有了新的作用’……”

这是天然精油香水独特的一面，也是每个想要玩弄精油香水的你，应该要念兹在兹的经典法则，那么，如何创造所谓的香气与体味的互动呢？

举一个极端的例子，所有的香水使用指示都说：“切忌将香水喷洒在腋下，因为你越是想用香水遮盖狐臭，越是会让狐臭更明显。”

如果你用的是人工合成香精的香水，这倒是千真万确的事实，但是，你有尝试过使用精油配方吗？

从另一个角度来看，狐臭是体味的一种，不能否认的，适度而轻微的狐臭，正是男性（或女性）最性感的致命吸引力，这里我指的是新鲜而干净的汗水味（身体循环不好或饮食习惯卫生差的人，那真是致命毒气了）。

我曾用过一款配方，其中含有合适比例的岩兰草，当岩兰草这种土木系列的定香与汗水味混合后，居然能结合并改善原先的一丝丝怪味，而成为很独特很好闻却不突兀的新气味。特别是男性使用后，岩兰草与他的体味结合成了一种新的气味，那是给你感受知道是汗味是体味，但是不会排斥或觉得臭，反而更有吸引力，可以说，用精油我成功地改善了体味，并让精油香水与使用者融而为一，周遭的人甚至不觉得他用了香水，只知道他今天给人的感受不一样，这才是精油香水最具特色的因素。

对香水有了更清楚的认识后，你已经是精油调香师的准学徒了。

接下来，该是接触各种精油并熟练运用其香气的时候。把精油当作认识新朋友一样，切忌贪快贪多，你不可能就凭一次的介绍就能了解它的一切，应该逐步地深入了解，并时时地回顾温习，那才是能把精油当成密友并充分沟通运用之上策。

配方第50号

体香阿波罗（男用）

迷迭香精油5毫升＋冷杉精油2毫升＋
茶树精油1毫升＋檀香精油1毫升＋
佛手柑精油1毫升＋香水酒精10毫升

茶树精油用来破解消灭体臭的来源，佛手柑精油用来转化汗酸味成为果酸香味，迷迭香精油与冷杉精油提供舒爽木香与草香的基础，最后檀香精油作为强大的后味支持，这款配方适合常用为体香的修饰与转化，它可以结合原先的汗味与体臭，成为正面爽朗且自然的气息。

配方第51号

体香黛安娜（女用）

尤加利精油5毫升＋柠檬精油2毫升＋
茉莉精油1毫升＋依兰精油1毫升＋
岩兰草精油1毫升＋香水酒精10毫升

一般来说，男性汗臭重，女性狐臭重，偏偏狐臭是最难修饰的。因为这还牵扯到饮食问题，女性较少运动，体内循环差，排汗代谢差，排毒功能差，要观察一个人的体内正常代谢与排毒力如何，只要尝尝汗水就知道：健康的汗水在皮肤上颗粒晶莹，微咸，不健康的汗水黏浊，咸味重甚至发臭。所以如果想用香水修饰，配方也要更重。

除味除臭用尤加利精油，柠檬精油除了除臭外也负责提供鲜香与转化，茉莉、依兰、岩兰草等精油都是用来盖味并转化，把汗臭与狐臭的咸臭味改成甜香与花香。

↑调香的经典法则之一就是：创造精油香气与体味的互动。

让陌生的气味变熟悉，让熟悉的气味变特别

香水迷人之处，就是让气味成为你发出的“信号”，无声无色但是有味的信号。这种信号，其实最具威力。

如果你想用“性感”来包装自己，穿出来的性感可是要真材实料、内外兼修，不但自己要有料，还要搭配相称的服饰，这是一门大学问，我不多说；除了用穿的，你还能用什么表达性感呢？声音？拜托！太做作也太冒险了，那……嗅觉呢？变化可就多了，如果是嗅觉，你还可以想想，要调出“野性的性感”？还是“成熟的性感”？还是“神秘的性感”？还是“纯真的性感”……不用我说你也知道，性感绝对是香水的地盘。

除了性感，知性呢？老实说你很难穿出“知性”，因为很容易与“老土”混为一谈。但是香水的氛围，可以让你表达知性，表达端庄，表达气度，表达许多超越描述的感觉，这就是香水可贵之处：善用嗅觉，这种无形但是却最有力的武器。

香水最独特之处，就是“中人于无形”，你明明让对方强烈接收到你的信息，但是对方却不自觉，只是觉得“冥冥中”他被你的“某种气质”吸引。

这种灵感，连电视编剧都能玩味其中，有一部很轰动的港剧《金枝欲孽》，描写后宫众多佳丽为了争宠，无所不用其极的“斗争手段”。其中有一幕经典就是一个原来是多年的后宫婢女，为了取得皇上的注意，特别去请教一个曾经得宠多年但因故被打入冷宫的贵妃，她要问的是：“你随身的香囊是什么配方？”

于是在一次接近皇上的机会中，皇上突然闻到这种香气，脑筋一直在迷糊着：“好熟的味道啊！这是什么？”当然，人类通常最不具直接记忆的，也是味道（一般人很难清楚地描述香味，也是这个原因）。但也因为如此，大脑总是在这里打转、思考，并产生很强的好奇或认同，皇上不但怀念这种味道（因为这种香味属于一个曾与他朝朝暮暮的爱妃），接纳了这个婢女（记住！这香味是来自一个熟到不能再熟的面孔），甚至也开始怀念这个冷落已久的爱妃的点点滴滴，打入冷宫的贵妃也得以咸鱼翻身。一种香味让两个女人都飞上枝头！

这当然是故事，是剧本，但是如果你足够聪明，对精油调香足够了解，你是可以充分发挥配方的神秘力量的。元素就如同剧情中所表达的，也是经典法则二：让陌生的气味变熟悉，让熟悉的气味变特别。

例如，洋甘菊的气味你从没闻过，你无从判断对它的好恶，但是我会先告诉你，洋甘菊很像甜苹果的香味，这多少会引起你的好奇与好感，除非你很讨厌苹果。

所以可想而知的是，如果你调出一瓶以洋甘菊为主味的香水，对闻香的人来说，他可能会想："这是什么味道？好香喔……"也许他一开始就辨识为"苹果香"，所以他才能先对位，也才能先有"嗅觉重点"，但是他会接着想："咦……又不像是苹果香，很像但是不是，那会是什么呢？"他会继续想，这样就对了，创造一种香味，就要让闻香者不断地被这种香味环绕，不断地在想这种既陌生又熟悉的味道，越是想也越是坐立

↑把大众熟悉的气味加以修饰，调整，成为一种新的味道，也是调香的法则。如茶树与甜橙的搭配，刚柔并济地传达出健康大方，快乐中带有认真的气味，不至于肤浅，也不过于严肃。

难安，那你的目的就达到了。

我曾成功地用几种精油调出类似桂花的香味，这也是一种“让陌生的气味变熟悉”的手法。让气味变熟悉可以让闻香者立刻产生认同，而熟悉的香味中又有着独特的气味，让闻香者不由自主地不停想象与好奇，这种气味的撩拨可能是最令人印象深刻的。

又例如，许多原本熟悉的气味，如茴香、肉桂、黑胡椒等香料类，或如柠檬、甜橙的果类精油，都是我们熟悉的气味。如果调香时不知变化，没有修饰，只是单纯地让闻香者闻到主味，那他们只会有直觉的认知，而没有多余的想象空间。可想而见，一个人闻起来满身的肉桂味，那就和一块腌肉一样的俗气。

但是如果是把肉桂精油与依兰调香，再加点花梨木，那就把熟到不能再熟的肉桂味，转化为一种复杂、浓郁、丰富的香调。这种香调可以表达出东方的神秘感，也可以呈现一个熟龄女性的知性，或是作为盛装晚宴时压倒全场的独门香氛。

这就是熟悉气味变特别的用意。

所以我很喜欢把原先是大众熟悉的气味加以修饰、调整，成为一种新的味道，例如甜橙是不错的香味，代表快乐、阳光、健康、大方，是非常好的前味，我用甜橙调出的香水很少有人讨厌的。但是我总是觉得甜橙太天真，太单纯了，所以有一次我故意用一种很少用在香水中的精油——茶树精油，来修饰甜橙。

结果得到了非常好的效果，茶树精油之所以少被作为香水调香，是因为它根本不香，是刺鼻的消毒药草味，没有调香师会想用茶树精油当作调香材料。不过我是芳疗师，我知道茶树精油有非常好的消毒杀菌性，因此它不但能代表健康的气味，甚至也能带来健康，而它的消毒味也给人安全感与稳定，茶树精油与甜橙精油的搭配，刚柔并济地传达出健康大方，快乐中带有认真的气味，不至于肤浅，也不过于严肃。

诸如此类的配方其实很多，看你对于气味的熟悉度，越熟悉也越能掌握该用什么配方以及该用多少，当然，想象力也是很重要的！

配方第52号

快乐与认真的生活

甜橙精油2毫升 + 茶树精油2毫升 +
茴香精油1毫升 + 苦橙叶精油1毫升 +
香水酒精5毫升

四种生活中都很熟悉的香味，凑在一起会是怎样？甜橙精油与苦橙叶精油的酸香与果香，茴香精油的辛香与涩香，茶树精油的苦香与水香，各自分开熟悉，凑在一起就有了从未闻过，熟悉中又很特别的复杂香味。

强势气味需要驯服

有些精油的气味你可以用“强势”来形容，甚至用“霸道”“喧哗”“主观”……这些积极字眼都不以为过，例如快乐鼠尾草、洋甘菊、岩玫瑰……

不要怕，我只是形容它的个性，就像人一样，它的个性“强势”不代表它不好相处，相反地如果你用得好，你可以和强势个性的人结为莫逆之交，正如同你可以妥善运用强势的精油，让它为你的配中增添独特的气质与韵味。

那该怎么驯服呢？

采用非常微量的强势精油。你可以先用香水酒精稀释精油，例如10%（每1毫升精油加入9毫升香水酒精），这样有助于你微量的控制配方比例。这种稀释精油还要在25℃左右的室温放置至少三天，让其充分地熟成与释放。

接下来就可以开始实验了，你必须先建立你的香气地图，把这款稀释过的精油当作一种新的精油香气来认识，你会发现，经过

↑岩玫瑰的味道非常强势，但它浓厚的花香与树脂香，也常用来作为定香。稀释后的岩玫瑰能发挥出细致的旋律感，和谐地与其他香味共同表达，但是，后味的持久超过你的想象！

↑洋甘菊精油是表达甜蜜与幸福的不二选择。

稀释且有一定熟成后的精油，气味会稍微温顺些，记录它的前味、中味、后味，特别是余香，也就是一天后残余的气味，你会更惊喜地发现，它真的是一种新的精油，透过香水酒精的催熟，不再那么夸张与强势，多了些婉约与保留。

熟悉了气味后，这时你才可以开始用来作配方，强势的精油的前味一定还是很冲的，但是有了复方的搭配后，你可以用果类、草类的精油改善它，产生类似音乐中的共鸣和弦的效果，于是，强势精油不再凶巴巴地向你示威，反而成了主旋律，带领着其他香气向你奏鸣序曲。

一些常见的强势气味精油与其描述如下：

† **快乐鼠尾草**：强劲的草味，你如果想表达出草的主题，它可是很顽固地能持续表达出来。

† **岩玫瑰**：浓厚的花香与树脂香，所以也常用来作为定香，稀释后的岩玫瑰能发挥出细致的旋律感，和谐的与其他香味共同表达，但是，后味的持久超过你的想象！

† **洋甘菊**：表达甜蜜与幸福的不二选择，但也常把花香系相关的其他精油气味转换成它的味道，稀释后能让出空间给别的精油，但还是能维持你的幸福感。

† **白松香**：如同刀割般的尖锐木香，你仿佛能感受到刚砍开甚至刚撕裂出树干心材的青味，这是一种能表达出生命力与植物原生态的气味，稀释后妥善使用能让你搭配柔性些的精油香味更能取悦人，同时还能坚持你的“香水生命力”的主张。

配方第53号

躺在蔚蓝海岸的草原上

快乐鼠尾草精油1毫升＋
迷迭香精油1毫升＋洋甘菊精油1毫升＋
香蜂草精油1毫升＋天竺葵精油1毫升＋
薰衣草精油1毫升＋丝柏精油1毫升＋
岩兰草精油1毫升＋香水酒精8毫升

蔚蓝海岸是法国南部濒临地中海的国家公园，旁边就是马赛。这款配方所用的都是地中海沿岸常见的野生的香草植物（除了岩兰草之外），所以我们可以忠实的还原，如果你躺在蔚蓝海岸的草原上，你会闻到什么香草植物的香味。

精油是植物生命的延续

精油香水是活的，有生命的，因为精油是活的，有生命的。

只要对精油足够了解的人都知道，每一种单方精油，它的味道都会一直在变化中，例如同样是“薰衣草”的香味，化学合成的“单体香”，多半是用化学催化剂强行合成的“薰衣草醇”为主，能发出类似薰衣草香草的味道，也是薰衣草精油中的主要成分，而薰衣草精油，除了主成分“薰衣草醇”之外，还有很多已知甚至未知的复杂成分，因此，在你使用精油做成香水配方后，这些复杂的成分，还是在不断地变化中，而让你的精油香水也会不断地变化，这种变化，就是植物生命的延续。

就像一瓶好酒，越陈越香，也是一样的道理，好酒也是活的。

国际香水大厂，不喜欢这种“变化”，因为他们在乎的是固定的、不变的气味表现，品牌香水要给客户标准的气味，不能因为放久了，味道不一样了，对国际市场的品牌香水商而言，他们没有那种优雅的细致心情，他们就是认定这是“变质”。

希望那你要怎么应付这种变化呢？

接受它，适应它，才能善用它。

↑精油香水是活的，有生命的，因为精油香水会不断地变化，而这种变化，就是植物生命的延续。

送人玫瑰，手有余香

我常遇到陌生人喜欢猜测我的职业，他们总觉得自己猜得出来。

“你一定是开中药店的？不是？那就一定是药师，但是不是西药那种，是中药或是药草……”这是一种。

“你是不是常常在花园闲晃？你可能就是花园主人，或是花艺店老板？”（大概他看我不像是个种花草的……）

当然，前言的小故事中，那个咖啡厅的小朋友也算是一个。

我也不是故意的，我平常玩的就是精油，有什么新的配方，第一个拿自己做试验，久而久之，我身上就会有一股气味，精油的气味。

说不上是哪一种，但是你一闻就知道是自然的花草，很舒服的味道，我解释为：送人玫瑰、手有余香。你常送人家玫瑰花，你手上自然会有玫瑰的香味。对于喜欢调精油香水的朋友来说，我建议你多调、多用、也多送，久而久之，你会调出一种独一无二的香味，那是你的体香，无法模仿，无法分析，当然无法超越。

你会有一种香氛气质，你会有随身萦绕的体香，你也说不上什么气味，但是会让每个刚接触你的新朋友，会觉得，你总有个独

↑调香的经典法则其中之一：送人玫瑰，手有余香。你常送人家玫瑰花，你手上自然会有玫瑰的香味。

特的气质。

尽量操作、尽量用，尽量发想，在你的生活中，朋友圈，还有什么可以塞进一点精油，放上一点香水的地方？火候到了，你就是香气本尊了！

好的记忆与不好的记忆

我有一个朋友说她非常讨厌玉兰花的香味，只要闻到就想吐。

深入了解后才知道，因为她小时候体弱多病，常常肚子痛不舒服，每次都是家人急忙叫出租车带她去看病，她始终记得躺在车上，非常不舒服，又一直闻到出租

车司机挂在冷气口的玉兰花香味。

肚子痛＋晕车＋玉兰花的香味已经绑在一起了，所以她闻到玉兰花的香味，就会把这一连串的不愉快回忆都带出来，所以她想吐。这就是不好的记忆。

我另一个朋友超级喜欢桧木精油，因为当她第一次闻到桧木精油的香味时，就发出惊呼“这种香味我闻过！”

原来她才从日本度假回来，她说桧木的香味就是她在日本一家历史悠久的温泉会所，一进去整栋日式建筑风格的木制别墅，所散发出来的原木的香味，她一边闻着一边回忆这趟愉快的旅程，让她身心灵都得到充分的放松。桧木的香味让她回忆起所有的美好，这无疑是段非常好的记忆。

气味与大脑记忆的联结，在第二条法则中已经有些基本的介绍。嗅觉在大脑中是直接连接海马回的，这也是大脑和记忆有关的部位，既然香味与记忆有直接的关系，建立好的记忆，回避不好的记忆是你善用精油香水配方的关键。

香如其人香如其事

用固定的配方作为你的代表香味，并且维持好的记忆与记录，让大家基于这种香味认识你，记住你，并留下良好的印象，这是香如其人。这也是为什么许多名人会有专属的调香师为其调配特定的香水配方。应用得更好的例子是某服装品牌的创办人因为很喜欢某特定香水，所以甚至连该品牌的出货包装上还喷了点这种香水，这一来无形中给顾客的印象加分，香味不会说话，但是香氛信号一定被接收，这是因为人一定要呼吸，所以也一定在无意识中接收到这种香氛信息，而被感染，产生好感。在行销学中这称之为嗅觉行销。

做特定的事的时候用固定的配方，让你做事的效率更好，这是香如其事。例如曾有某机构做的研究，让学生在学习时固定用迷迭香的香味做香氛扩香，一定时间之后，迷迭香的香味就和学习效果产生了记忆联结，让学习甚至考试的时候，因为有了迷迭香的协助，效果更好。

有了这些启发，你认为在你的生活与工作范围内，可以有哪些配方能提供协助？

↑气味与大脑记忆连结，既然香味与记忆有直接的关系，建立好的记忆，回避不好的记忆是善用精油香水配方的关键。

保持修改的弹性与空间

调香可以从简单基础的调起，然后慢慢改善并且丰富化这款配方。

《波丽露》（Boléro）是法国作曲家莫里斯·拉威尔最后的一部舞曲作品，创作于1928年。《波丽露》是拉威尔舞蹈音乐方面的一部最优秀的作品，同时又是二十世纪法国交响音乐的一部杰作。

这首有特色的音乐，从一开始用最简单的乐器与旋律不断地重复，并且在重复中不断地加入新的乐器，但是新乐器的加入产生了新的共鸣，最后成为华丽而丰富的大合奏，终至结尾。

在精油香水的配方调香上也可以采用类似的手法。

首先用最简单的一两种精油与香水酒精搭配，成为第一款配方，并且感受这款配方。因为纯精油被香水酒精稀释后的香味被释放了就不一样了。

然后再加入新的精油进去，这就改变了原先的香水配方组合，而出现了新的香味。

然后再加入新的精油，每一次的加入都是一次的调整、丰富化。

别忘了经典法则第四条也告诉你，精油本身的香味就是活的，一直在变，你加了新的精油也会变，这种变化性，比单纯买瓶品牌香水回来用好玩太多了。

我的习惯是，用两倍容量的香水瓶，例如30毫升的瓶，先调出15毫升的香水，然后随着它的变化，随时再做增添新的配方，新的成分，或是，还是使用原来的成分配方……完全看你的心情。活的香水就用活的配方，谁说一定是这种香味，还是那种香味？既然是我自己调的，我高兴什么香味就是什么香味，所以让自己的配方保持“弹性空间”，随时修改，就成了玩精油香水最愉快的事情。

唯有这样，你才能让精油香水成为香草植物生命的延续。

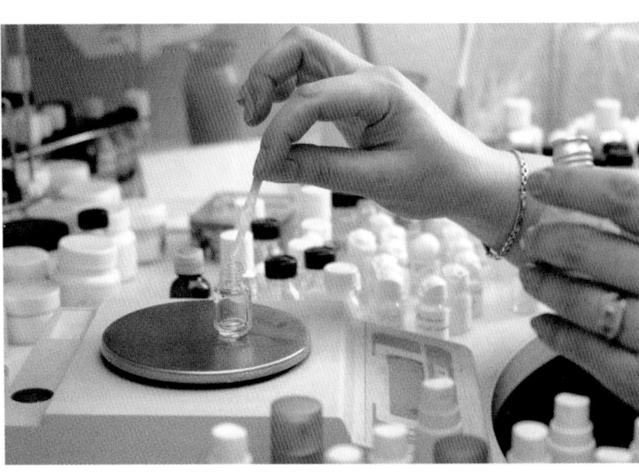

←调味精油香氛时，让自己的配方保持“弹性空间”，随时修改，是玩精油香水最愉快的事情。

香水配方就是恋爱故事

如果你想调配出前中后味各有特色的配方，你可以把每一种香水配方，当作一段恋情来布局，或是来纪念。

就像美国知名歌后泰勒·斯威夫特，常常在每一段恋爱之后都写一首歌一样，每款香水也都可以当作灵感来源，建议你可以把握关键字：

前味必须惊喜，中味必须稳定，后味必须甜美。

惊喜的第一印象，让人一见钟情，为什么能一见钟情？因为相遇的第一个感觉对了，立刻能带人告别寻常生活，打破惯性。因为惯性会阻绝想象力，就像一段疯狂的爱情，要多疯狂？不顾阻力甚至愿意私奔就是疯狂，因为这是一种开门见山式的，跳脱式的直觉，所以好的前味必须给人惊喜感，才能打动人心。

所以前味必须惊喜，或是惊奇，总之就是要有惊奇点。

能有这种惊奇点的精油，如：

† 穿刺性的香味，如薄荷、葡萄柚，以及绝大多数的果香系。

† 生活经验中少闻到的香味，如茴香、花梨木、橙花。

† 多数的草香系的活泼中带点夸张的香味，也非常适合。

↑调香的经典法则其中之一：前味必须惊喜，中味必须稳定，后味必须甜美。

前味必须惊喜，必须引人注意，这是厉害的香水配方的第一个秘密。

稳定的中味香表达出个性，展现源源不绝但是稳定的气质，让身边的人大口呼吸时，会被这种香味收服。因为这代表你的气质，所以中味就不能太轻浮或是太夸张。就像谈恋爱时，也许二人是在一个疯狂的事件中相遇，但是唯有靠稳定且持续的约会才能深入认识对方，总不能每次约会都疯狂吧？

稳定持续的适合中场表达的精油，如：

† 绝大多数的木香，如雪松、冷杉、丝柏。

† 绝大多数的花香系，如橙花、依兰、薰衣草、茉莉。

前味与中味都处理好了，最后是甜美的尾韵，那就要越淡越珍惜，作为一段值得回味的恋爱的结尾，还好作为后味用的精油，例如树脂类、香料类都能符合这个越淡越甘甜的目的。

配方调错了怎么办

这可能是你最需要知道的法则，因为配方总有调错的时候。

何谓“调错”？简言之就是你本来想象中应该会有的香味，结果把配方调下去了，却发现不是你想象中的香味。事前要避免调错，当然是你必须先熟悉每种精油的香味，或是微量的先调一点样品，再做大量的调配，但是，人总有粗心的时候，发现调错了，这时要怎么处理？

方法一：再放久一点

精油的香味会因为时间而变得更温顺或更香甜，刚调出来让你觉得不舒服的香味，也许放久了（至少一星期以上）会变得可亲许多，所以先别急着处理，放一阵看看。

方法二：分析问题，对症处理

找出你的配方并且仔细闻闻，在你的配方中，前味、中味、后味，到底是哪一种精油配方下错了？是味道和别的不合？还是比例不对？你可以追加其他的比例来追回香味的平衡。

方法三：直接用其他精油修饰

最常用来修饰香味的精油有：

补充薰衣草或花梨木，可以把香味的差异化削弱，也就是把你觉得“怪怪”的香味模糊化。

补充茉莉或洋甘菊，这两种强势的香味可以遮盖住或是同化其他的香味。

↑调香的经典法则其中之一：如果调错怎么办？用其他的精油来修饰就可以了。

↑名字很重要，因为人们很容易从名字上产生成见。所以调香经典法则最后一条是，务必要给你的精油香水作品想一个好名字。

给香水命名很重要

某个喜欢玩弄嗅觉的艺术家，做了个实验：在同样的一件雕塑品上，让它散发出特定的香味，并且打上绿色的光。在他收到的各种评论与鉴赏中，有许多人评论家都宣称这个作品“仿佛发出青草的香味”。

后来换了一个展场，故意换成红色的打光，同样的作品同样的香味，但是这时评论就会有“感觉出草莓的香味”的意见。

在另一个实验中，故意用麻袋装了两袋的干酪，一袋标明的作品名称“帕尔玛顶级干酪”，另一袋标明的名称为“呕吐物”，你应该知道人们对这两种明明是一样的香味，却有着天差地别的感受。

以上这两个实验告诉你，名称很重要，因为人们很容易从名称上产生成见。

所以调香经典法则最后一条要告诉你，务必要给你的作品想一个好名字，很有意境，很高尚的名字，可以是一句诗，可以是英文，或是法文更好，想一个搭配的故事，把你的创意与配方都包含进去，你的每一款配方，都会是一种艺术创作！

Chapter 10

品牌香水的配方与灵感解密

品牌香水有哪些定位区隔

时尚品牌香水：香奈儿的5号香水

香奈儿（Chanel）公司，是1910年由可可·香奈儿所创办的顶级法国女性知名时装店。一开始香奈儿是以服装为主要业务，并且也获得相当知名度，但是直到1923年香奈儿的5号香水，才又把香奈儿推向超级高峰。

Chanel No. 5
香奈儿5号

香调——醛香花香调

前调——醛、橙花油、依兰、香柠檬、柠檬

中调——鸢尾花、鸢尾根、茉莉、铃兰、玫瑰

后调——琥珀、檀香木、广藿香、麝香、麝猫香、香草、橡木苔、香根草

属性——女香

调香师——Ernest Beaux

据说设计时，调香师调配了许多的配方，只有编号第五号的配方才获得首肯，因此定名为五号香水。而这款配方包含了超过80种的香型，这款香水从上市之初直到今日，都还是最受欢迎也最畅销的香水。

香奈儿5号香水最为人津津乐道的典故就是玛丽莲·梦露在其知名度极高的1952年，公开宣布香奈儿5号香水为她最喜欢的香水，当记者问她夜晚是否穿着睡衣睡觉，她微笑地说着：我什么都没穿，只滴了几滴香奈儿5号。（I wear nothing but a few drops of Chanel No.5）

品牌香水对品牌的效应是直接的加分，所以第一种定位就是现有的知名品牌，从服装、皮饰、珠宝，甚至跑车、牛仔裤……都会推出品牌香水，作为品牌的形象与认同，谁知道呢？也许某个健身品牌推出的香水能让全世界的男女为之再疯狂一次，经典配方横空出世！

名人效应香水：白富美网红希尔顿香水

Paris Whitney Hilton小姐是希尔顿集团接班人，四国血统，粉丝众多，集财

↑调配香水时，可以用任何一种精油为主基调，再用不同的想法不同的心情不同的理由，再搭配其他精油配方。

富、美貌、知名度于一身，标准“白富美”，如果她喜欢某种香水，有多少人会喜欢？

Paris Whitney Hilton 希尔顿香水

香调——花香果香调

前调——香瓜、桃子、苹果

中调——含羞草、晚香玉、百合、小苍兰、茉莉、铃兰

后调——檀香木、麝香、橡木苔、依兰

属性——女香

调香师——Steve Demercado，James Krivda

2005年希尔顿推出第一支命名香水，虽然在玩家的评论中都觉得太高调或是太脂粉味，但是这款还是受到粉丝及大量年轻人追捧。所以名人效应的香水，香味本身只要反应个人特质，还是有喜欢的人。

香水就是这样，只要你喜欢，什么都可以！希尔顿小姐喜欢的香味就是反映她本人的品位，而跟着用的人也是满足一种追星追到底的精神，享受希尔顿小姐的氛围。

专业香水品牌：香水实验室Le Labo

这里谈的是纯粹以香水调香师所创办，只有香水产品的原创性或实验性香水品牌，以香水实验室为例，这是2006年于美国纽约创办，由一群调香师不断地开发香水配方，我们以这款为例：

Le Labo Santal 33, 2011
香水实验室 檀香木33

香调——木质馥奇香调
气味——檀香木、雪松、小豆蔻、紫罗兰、纸莎草、皮革、琥珀、鸢尾花
属性——中性香
调香师——Frank Voelkl

从命名就知道这款香水是以檀香为主基调编号第33号配方，可想而见他们有多少配方。其实用任何一种精油为主基调，你都可以用不同的想法不同的心情不同的理由，再搭配其他精油配方，得到不同的答案，这也是精油香水的另一个创意来源。

品牌香水配方的来源

品牌香水都会公布他们的香水的前味、中味、后味分别是什么，但是不要天真地以为，他们真的把所有秘密都泄漏出来，事实上，以一般玩家所能获得资料，你不可能复制它的香味。

但是，谁说要复制了？至少它的配方可以给你参考的灵感，让你知道各种香草的气味的搭配性，就算你不能调出一模一样的香味，但是只要是种不错的香味，也是很令人满足的。只是在你解读这些香水的配方时，你该如何去搜集或是模拟，甚至是创造出类似的味道呢？

自创品牌香水的灵感

目前几乎所有的品牌香水都是用“单体香”或是用接近单体香的元素来调配出他们的成品，我们以珍妮佛·洛佩兹女性光辉淡香水（Jennifer Lopez My Glow）这款由知名艺人珍妮佛·洛佩兹自创品牌2009年新香水为例：

Jennifer Lopez My Glow
珍妮佛·洛佩兹女性光辉淡香水

香调——柔美花香调
前味——小苍兰、睡莲、薰衣草
中味——卡萨布兰卡百合、白玫瑰、牡丹、草香
后味——珍贵木材、檀木、麝香、缬草

以这款配方中，每一个名称都是它专属的单体香，例如“白玫瑰”，这其实是一种香精的通用名称，区别于精油玩家用的“玫瑰精油”，而“薰衣草”，也一定是该品牌厂专用的薰衣草原料。所以以这款配方为例：

你可以用植物精油去接近模拟的有：

† **薰衣草、玫瑰、草香、檀（香）木、缬草**：这些都有精油。

† **小苍兰、睡莲、卡萨布兰卡百合、牡丹**：这些是专指某种特定的香精名称。

† **麝香**：这可以用真正的动物麝香（但太稀有，故不实际），也可以用香精来模拟出相似的味道。

† **草香、珍贵木材**：这可以用精油模拟出类似的香味，例如草香系列最标准的就是香茅和迷迭香，木材系可以用松针、冷杉、丝柏这类精油来表现出足够的木材香味。

品牌香水真正的配方来源

不要妄想你能调出一模一样的香水，因为品牌香水的配方，本来就不是像电影《香水》那样，倒一点广藿香精油，滴两滴茉莉精油，补一点橙花精油就能配出来的。每位调香师或香水公司都有自己的香水资料库，都是以各种代号显示，光是常见的香味如玫瑰茉莉，可能就有几十种以上的来源，有些来自香精厂，有些来自植物精油提炼，只有香水实验室的主管才知道。

公布出来的前中后味，只是调香师在调配时的方向，就算是只写一个“牡丹”，调配时其实是A+B+C共同组合出来，表现出“牡丹”该有的氛围或意境，并且达到真正配方保密的效果。

↑品牌香水的配方可以给你参考的灵感，让你知道各种香草的气味的搭配性。

化学香精、香料、植物精油的差别

我们主要是以植物精油作为调配香水的配方，但是在香味世界中，还有很多不是植物精油的来源。

化学香精

如前所说，有些香水成分用的名词很特别，例如：甜玫瑰、玫瑰12号、初春玫瑰、海洋玫瑰……这些其实都不是取材自植物玫瑰花的玫瑰，而是化学香精。因为是玫瑰香系的，所以才有这些名称。

当然，有些花香其实是没有精油的，这就代表它不能实际的提炼出精油，或是提炼精油是个不实际的想法。例如宝蓝莲花（Blue Lotus）的精油，价格非常昂贵，约是玫瑰精油的数倍，当然，它的香味很特别也很棒，但是考虑到它的高昂成本，使得用它作为香水原料成了不实际的想法。如有可能，用香精的确划算很多。

或是，有些香味就是香水实验室调出来的成品。因其香味具有特色，故为之命名，作为以后调香水的元素，例如：卡萨布兰卡百合、幽谷百合这些，都属于这种，所以你也不用费神去找，他们没有精油。

除了这些香味的基础元素外，你也会怀疑：为什么我用精油调出的香水，持久度没有外面卖的香水那么久呢？也没那种漂亮的透明度，以及独特有气质的颜色？这就是一个很现实的问题了，香味可以通过定香剂的处理，让香水更持久。在塑化剂滥用的新闻

↑有些香水的香味，就是香水实验室调出来的成品，因其香味具有特色，故为之命名，作为以后调香水的元素。

闹得很凶的时候，就有专家指出，香水中添加的定香成分，也是一种类似塑化剂的化学成分，如果没有良好的代谢处理排出，而累积在体内，也会对人体有不好的影响。所以，植物精油留香不久的事实，反而是一种正常现象。

化学香精为主所调出的香水，它可以控制颜色，通常调香师只要把配方比例搭配好，颜色？完全是一种行销诉求，要金黄色？淡蓝色？粉红色？都是另外调出来的。相对的，精油本身就有固定的颜色（通常都是由透明到黄色甚至深黄色），你无法改变，和酒精调配在一起时，还可能起混浊的

↑有些花香其实是没有精油的，但考虑到它的香味，香精也是一种选择。

乳白色或是乳黄色，而持久度，也因为没有定香剂，所以不如市售香水。

但是别忘了，我们用精油调香水，不就是喜欢那种纯真天然，无添加，纯粹植物原味的感觉吗？而色素、定香剂或其他特定目的加入的这些化学添加物，总是给人无法信任的疑虑，就像查出定香剂中含有非常妨碍人体健康的塑化剂的新闻事件来看，这就是化学添加背后带来令人震惊的真相！

总之，你都可以尝试用精油或你喜欢的成分原料，来模拟出这些品牌香水的相似味道，不要奢望能一样，因为你既不知道比例（我也不知道，这些都是最高机密），也不可能获得一模一样的配方原料，只要能获得调配的乐趣，就不用去在乎这些细节了。

化学香精的优缺点

优点是：只要化学合成程序，不需要种植植物，所以来源稳定、成本便宜。且香味也稳定，留香时间更久。

缺点是：只有提供香味，不像植物精油还能提供植物精华。大多数的化学定香成分都有致癌或伤害嗅觉的副作用。

关于化学香精致癌或是致敏的问题，你随时只要上Google查询“香水致癌”的关键字，自然能得到最新的消息。

那怎么办呢？几个原则请自行考虑：

† 当然是尽量用植物精油。

† 当然是尽量不要喷在皮肤上（我知道很难）。

† 当然是尽量买品牌香水，不要买山寨货或是廉价香水。这点要解释一下，因为每次公布名单，你会发现也会有品牌香水列名其中，但是，品牌毕竟是品牌，所以只要发现有嫌疑的成分，他们当然马上排除改进配方与成分，直到过关为止，这就是品牌的信誉，反之如果你用的是仿品或是劣质香水，本身就无信誉考虑，当然不会做任何调整，用品牌香水更有保障。

调精油香水时可以调入化学香精的成分吗？

这的确是很大的诱惑，因为植物精油留香不会太久，要留香久就是要下重本，也就是多加精油的比例，如果用化学香精就会省多了。

但是，给你的忠告是：宁可下重本，宁可精油的比例高些，宁可每隔一、两小时就要补喷一次精油香水，我还是建议你不要用化学香精，因为，健康是买不到的。

非植物香料来源

除了植物精油外，其实还有很多非植物的香料来源。

动物香料如麝香、龙涎香，或是如沉香，都是很神奇的香料。这里必须要先介绍香味的最高级别：腐香。

说白了，腐香就是香料的原料是臭的，不好闻的，但是稀释后反而很香，而且越稀释越香，且非常持久，在自然界中，只有腐香系的香料才能有最强的定香。

麝香取自麝香科动物，如麝香猫、麝香鹿的香囊腺体，本身非常恶臭，干燥处理后成为最珍贵的麝香原料。

麝香猫另一个知名的故事，就是让麝香猫吃了咖啡果，无法消化的咖啡籽在肚子里累积，然后排出粪便，采集人收集这些粪便，清理出咖啡子，就是最顶级的麝香咖啡。大陆有连锁咖啡店叫作“猫屎咖啡”，应该就是勇敢地向麝香猫的努力致敬。

同理，龙涎香也是抹香鲸的呕吐物。据说是抹香鲸吃了深海大乌贼后，乌贼那一根软骨在肚中累积久了，呕吐出来一大块硬硬的臭臭的固体，但是，只要刮一点点稀释了，就是最持久最引人的奇香。

沉香相对来说比较“干净”一点，这是一种特定的木头，沉香木，被特定的菌蛀蚀了，腐败了，就会转化为真正的沉香。一般沉香都是一小段一小段的，因为大多是埋在沼泽的腐土里多年才被挖出来，才是真正的沉香。后来因为上述的细菌腐蚀原理被研究出来，才有人工的方式“种”沉香，但是品质就差多了。

真正的沉香也是很神奇的，只要用美工刀轻轻刮几下，有一点点的木屑，用打火机点一下，冒点烟，接着整个空间都会闻到那种独特的沉香味，安抚你的心灵。

以上这些描述，你都会发现共同的特征：它们都是自然材料，经过腐败与细菌分解的过程，花下大量的时间，所以成品极其珍贵稀有，不可多得。

因此麝香、沉香这些香料，只能是个美好的传说，除非有心人也有财力，或许能求得，但是绝不可能商业化生产。所以市面上商品香水如果说含有麝香，那只是模仿的香精，不可能是原生真品。当然啦！如果你有此因缘获得，不吝作为香水调配的来源，你肯定能调出独一无二让人为之倾倒的“魔法”香水。

Chapter 11

经典精油香水配方

体味打造你的个性吸引力

你的体味给人什么感觉?

观察两只狗第一次见面时是怎么打招呼的呢?它们会互相闻一闻,事实上,所有的动物都会互相闻一闻,对动物来说,体味重于一切。

人已经超越动物了,我们是“外貌协会”,第一次见面的异性,我们会看一看,打量一下对方,当然也有一见钟情的概率,那对于人来说,对方的气味重要吗?

超级重要!因为这才是加分题!

因为长相不容易改变(美容整容除外),但是体味非常容易调整。除了自然的体味外,你还可以用香水调整,加分或减分。

因此当你第一次约会见到的那个人,除了互相打量对方外,你其实还是不知不觉的在接触对方的味道。同一个人,也许有几个可能:

不知道他用了什么香水,好怪好难闻,我觉得他应该很花……

不知道他有没有用香水,感觉气质很舒服,我觉得我们应该很合……

人还不错,长得满体面的,不过没什么感觉……

以上这种评语,我们都会和闺蜜分享过,事实上同样的主观印象也会出现在男生这一边,“感觉这个女生喜欢耍性感,香水用得好重……。”

从科学的角度来印证,就是女性通常嗅觉比男性灵敏,因为在繁育下一代的过程中,女性是主要的责任担当者,所以要更谨慎地寻找对象。特别在女性生理周期中,最适合受孕的那几天,同时也是嗅觉最灵敏的时期。

是的,人类是万物之灵,我们见面早就不会闻闻对方的屁股了,但是气味对你的影响,依然存在!

强化你的外激素

1959年科学家提出“外激素”(Pheromone),用来解释动物(包含人类)本身会发出不同的气味,以便进行互动或沟通。最惊天动地的,当然是动物发春时,母猫所散发的外激素,会让方圆几公里内的公

↑初学者在调配香水时，要先控制在每一种配方以3～5种精油来完成即可，当你更熟练这些精油的香味后，再去做更多的创意发挥与变化。

猫全部聚集，天天求偶怪叫打架。

在前几十年，这简直是一场灾难！因为当时误以为体味就是外激素，香水公司费劲许多心力研发出许多“取材自生物界的外激素”，创造出一大堆号称可以让男性更性感的香水。这种让你更显男性魅力的香水有没有用呢？其实是不太管用的，除了少数真的喜欢这种有点像是汗水味甚至狐臭味的逐臭之女外，绝大多数的异性都敬谢不敏。

直到2000年后的研究才逐渐揭开出更多的答案，外激素的确存在于体味，存在于汗水中，但是不等于外激素就是汗水味。且事实上，每个人的外激素都不尽相同，所以每个人的“完美的另一半”喜欢的味也不尽相同，要开发一种所有人都为之疯狂的吸引异性香水，根本是缘木求鱼。

那么，香水配方要怎么突破这点呢？

首先，印度的香水科学家从印度性爱宝典《印度爱经》（*Kama Sutra*）中找答案。他尝试用科学技术捕捉美女的香味，并且得到的结论是：美女的确有美女独特的香味，虽然无法复制或制造出来，但是这种香味近似于某些鲜花的香味，花香能为女性的美貌加分，得到印证。

更多的研究发现，每个人喜欢的香味，会对这个人的外激素有放大的作用，这又为“气质相近”得到背书。

说得更浅显一点，就是……

† 每个人都有不同的外激素特征，也就是你的气质。

† 你喜欢的香水香味，会融合、强化你的气质。

† 用香水强化你的气质，会让和你气质相配合的人，更容易接触到你。

† 真命天子，或是至交好友闺蜜，就是这么来的。

补充一句，如果还有某些贩售香水，号称可以让你更性感，但是闻起来怪怪的，老实告诉你，那真的是怪怪的，因为那不是你的外激素！

创意与配方

作为初学者，先控制在每一种配方以3～5种精油来完成即可，当你更熟练这些精油的香味后，再去做更多的创意发挥与变化。

以下都以10毫升的成品为计算，酒精比例随目的而调整。精油分量以D代表滴数。

制作的等级都是接近市售香水（Eau de Toilette）的留香等级（精油香水留香度会比化学香精淡一点，这点之前已经解释过了）。你如果觉得留香不够，可以按照比例增加精油的配方，以不超过两倍为限（两倍之内算是香精香水）。

制作成香水的精油成分，都已经被香水酒精熟化，所以刺激性极低，可以接触衣物，也可以稍微小量接触皮肤，但不宜接触脸部、眼睛及身体易刺激敏感的部位（例如黏膜组织）。

可不可以吃呢？嗯～～这是个有趣的问题。当然没有人会故意吃精油香水，但是你总可能情不自禁地亲吻香喷喷的肌肤（小Baby或是你的情人），这种概率极大，所以我要回答的仔细一点：

如果是你自制的精油香水，你确定使用的相关器材、成分，都是消毒清洗过了的，喷洒的用量不高，且在喷洒后已经挥发过（超过10分钟）了，你的亲吻并无大碍，老实说，精油绝对比化学香精安全些。

↑美女有美女独特的香味，虽然无法复制或制造出来，但是这种香味近似于某些鲜花的香味，能为女性的美貌加分。

男性形象香水

为什么男性更需要香味?

男生好动的本质容易有不好的体味、汗臭，常常跑业务外勤工作、骑车的容易有“马路味”……那是一种结合汽车废气、灰尘、高温日晒、各种环境带来的复杂难闻气味。火气大的容易有口臭，还有烟味，如果你是“不拘小节”的人更是容易有各种怪味，男性本来就没女性好闻。

香水其实不是用来勾引异性的，这个定义先搞清楚，我们才能教你正确地使用香水。香水是一种礼貌，用来改善身上不好的气味；香水是一种暗示，让你不用在脸上写“我很可靠”，但是你的香味气质会让接近你的人觉得你很可靠；香水是隐形的化妆品，因为女人是直觉的动物，女人也对气味更敏感，而香味就是用你的气味告诉女人的直觉……他其实是个有活力的阳光男孩。所以，用对香水、香味，会让接触你的人觉得你“气质很好”。用错香水，会让男生觉得你很滑头，女生要和你保持距离。

配方说明

本章的配方较为复杂，因此我们以每次 20 毫升容量为调配参考，如果你用的香水瓶小于 20 毫升，可自行酌量减少分量。

· 1 毫升 =20 滴，依次类推。

精油与香水酒精的标准比例是 50 ： 50，可自行调整，例如酒精：精油为

· 40 ： 60= 淡香水

· 60 ： 40= 浓香水

也可以自行补充其他的精油配方。

阳光男孩的精油香水

如你喜欢运动、外向活泼，阳光热情，免不了身上会有些体味，我们可以把体味转化为体香，汗水味也可以很阳光。适合你的配方是：

配方第54号

阳光男孩

前味——葡萄柚精油1毫升＋柠檬精油1毫升＋迷迭香精油2毫升＋薄荷精油1毫升＋茶树精油2毫升
中味——丁香精油1毫升
后味——岩兰草精油1毫升＋冷杉精油1毫升

香水酒精10毫升

斯文暖男的精油香水

你差一点就成了工具男，还好你不是，你只是斯文，体贴照顾人，温和但是有定见，你就是女生最完美的情人。适合你的配方是：

配方第55号

斯文暖男

前味——松针精油1毫升＋尤加利精油1毫升＋马鞭草精油2毫升
中味——天竺葵精油2毫升＋雪松精油1毫升＋洋甘菊精油1毫升
后味——肉桂精油1毫升＋安息香精油1毫升

香水酒精10毫升

顾家好男人的精油香水

你有成熟的家庭价值观，以老婆孩子为重，过着安稳且满足的生活，你有一定的社会地位与形象，表现总是那么得体，别人会因为你而羡慕你的老婆，也会因为你的老婆而羡慕你，适合你的精油配方是：

配方第56号

爱家好男人

前味——薰衣草精油2毫升＋葡萄柚精油1毫升＋茶树精油1毫升
中味——桧木精油1毫升＋苦橙叶精油1毫升
后味——乳香精油2毫升＋姜精油1毫升＋茴香精油1毫升

香水酒精10毫升

稳重型男的精油香水

你有让人羡慕的成就，虽然你很忙但是也有丰富的交际活动，在伙伴与同侪间你显露的是锋芒与手腕，在伴侣前钦慕的是你的基石般的气质，有型有深度，但是没有距离。适合你的精油香水是：

配方第57号

稳重型男

前味——薰衣草精油2毫升 + 冷杉精油1毫升
中味——佛手柑精油2毫升 + 雪松精油2毫升
后味——岩兰草精油1毫升 + 檀香精油1毫升 + 乳香精油1毫升

香水酒精10毫升

创意帅男的精油香水

从事创意产业的你，随时给人热情与才华洋溢，你很早就有成就但是乐于与人分享，因为你总是能发展出更多的成就，接近你的人都能感染到你的乐观与进取，包含你的家人，适合你的精油香水配方：

配方第58号

创意帅男

前味——葡萄柚精油1毫升 + 迷迭香精油2毫升 + 佛手柑精油1毫升 + 薄荷精油1毫升
中味——花梨木精油2毫升 + 冬青木精油1毫升
后味——香蜂草精油1毫升 + 绿花白千层精油1毫升

香水酒精10毫升

我香故我在

更多元与多变的形象与角色定义，也可以用不同的香水配方。有时候是要符合你的心情转变，有时候要搭配你造型或职业需求。

我是社会新人

都市新鲜人身上总免不了有些异味，例如，老是在自助洗衣店洗衣，衣服上会有点洗衣精的味道。出租屋小套房室内总是闷闷的？用太明显的香水味又怕主管对你品头论足？何妨来点清雅大方得体、让人感受到你的诚恳与自信的特调香水？

配方第59号

职场粉领

前味——薰衣草精油1毫升＋薄荷精油1毫升＋葡萄柚精油1毫升
中味——花梨木精油2毫升＋佛手柑精油1毫升
后味——岩兰草精油2毫升＋松针精油1毫升＋雪松精油1毫升

香水酒精10毫升

我是大学生

你还是大学生？或者，你希望被误认为还是学生？别忘了国外的研究中，少女自身带有的迷人香气就是果香味！我们以清新、活泼为主诉求，表达出青春朝气与乐观，但也谨守自然随和的原则。

配方第60号

永远十七八

前味——迷迭香精油1毫升＋柠檬精油1毫升＋佛手柑精油1毫升＋葡萄柚精油2毫升
中味——香蜂草精油1毫升＋天竺葵精油1毫升＋苦橙叶精油1毫升
后味——安息香精油1毫升＋洋甘菊精油1毫升

香水酒精10毫升

我是辣妈

轻熟女大方的表达出热情的性格，也许有些强势，但也只有这样才能符合你的辣，在配方中我们也会在辣中带有温度，热闹愉悦的香味更为你的美丽加分不少。

配方第61号

美丽辣妈

前味——依兰精油1毫升＋甜橙精油1毫升＋香蜂草精油1毫升
中味——玫瑰原精1毫升＋天竺葵精油1毫升＋茉莉精油1毫升
后味——肉桂精油1毫升＋安息香精油1毫升＋没药精油2毫升

香水酒精10毫升

热恋加分

如何用香味表达你在恋爱中呢？如何让你的身体在一段热恋之旅中，也用香氛感染、表达、宣告，你正在谈恋爱？玫瑰当然是主调，而且还是奥图玫瑰！

配方第62号

恋爱中的女人最美

前味——奥图玫瑰精油1毫升＋玫瑰天竺葵精油1毫升
中味——薰衣草精油2毫升＋花梨木精油1毫升
后味——乳香精油1毫升＋檀香精油1毫升

香水酒精10毫升

女强人气质

用香气提供威信与领导气质，让人无形中感受你的气度不凡。

配方第63号

女人我最大

前味——橙花精油1毫升＋薰衣草精油1毫升
中味——雪松精油1毫升＋花梨木精油2毫升
后味——玫瑰原精2毫升＋乳香精油1毫升＋檀香精油2毫升

香水酒精10毫升

成功业务族

成功的业务员必须八面玲珑，说话得体，身上带着礼貌的香味但是不能太强势也不适合太性感，让人感到可亲可信，才是最好的业务形象。

配方第64号

销售冠军

前味——尤加利精油1毫升＋柠檬精油1毫升＋杜松莓精油1毫升
中味——苦橙叶精油1毫升＋罗勒精油1毫升＋马郁兰精油1毫升
后味——岩兰草精油2毫升＋茴香精油1毫升＋没药精油1毫升

香水酒精10毫升

我是文青

这是一款当你思路不畅、郁闷、低潮、需要专心时用的香水，特别适合脑力工作者或是常需要思考的创意工作者，灵转的香味，干净透彻的灵性，加上科学说服力，让你立刻感受自己仿佛充了电般，判若两人。

配方第65号

达文西

前味——薄荷精油1毫升＋迷迭香精油2毫升＋葡萄柚精油2毫升
中味——松针精油1毫升＋快乐鼠尾草精油1毫升
后味——岩兰草精油1毫升＋马郁兰精油1毫升＋丁香精油1毫升

香水酒精10毫升

冻龄族Hold住

你会得意于和女儿出门就像姐妹，偶有小鲜肉也会着迷于你的华丽韵味，美魔女是你的昵称，年龄往往在你不经意间，忘了计时。香水用来表达你的成熟气质，大方且不经意地流露出性感，当你拥有青春之泉时，每分钟的快乐都是永恒的。

配方第66号

青春之泉

前味——茉莉精油1毫升＋佛手柑精油2毫升＋葡萄柚精油2毫升
中味——橙花精油1毫升＋广藿香精油1毫升
后味——姜精油1毫升＋没药精油2毫升

香水酒精10毫升

银发族

老年人代谢慢，动作慢又不精准，或是长期的不良生活习惯，很容易出现一些“老人味”，另外老人家的呼吸系统普遍都很弱，干咳或是带痰的湿咳也很常见，所以给老年人提供的精油香水配方，既要化解“老人味”，又要提供空气品质的优化，最好还能有正能量的激励氛围，给人朝气与活力，看来银发族用的香水，意义更为重大！

配方第67号

平安健康

前味——冷杉精油1毫升+柠檬精油1毫升+茶树精油1毫升+薄荷精油1毫升
中味——桧木精油1毫升+广藿香精油2毫升
后味——没药精油1毫升+乳香精油1毫升+安息香精油1毫升

香水酒精10毫升

运动成瘾族

快乐的出汗、大口的喝水，享受迎接阳光与风吹拂的感觉，也把自己融合在大自然中，用香味表达出你的正面能量！

配方第68号

阳光下的快乐

前味——迷迭香精油1毫升+尤加利精油1毫升+茶树精油1毫升+薄荷精油1毫升
中味——柠檬香茅精油1毫升+快乐鼠尾草精油1毫升+杜松莓精油1毫升
后味——雪松精油1毫升+乳香精油1毫升+茴香精油1毫升

香水酒精10毫升

能量开运香水

精油香水最特别的一点，就是植物精油也是植物的精华，上百倍甚至上千倍的植物原料萃取才能得到的精油，不但有纯粹的植物香气，也有植物的能量。这些精华与能量释放并还原在你的周遭，所建筑的香气场，也能提供这些能量，精油对人能有“身心”的疗效，也因于此。

我们为你整理精油能量开运的主题与配方建议，供你参考。

与开事业运有关的配方

不管是希望今年事业顺利、步步高升的，或是希望能跳槽成功、失业的也能找到个好的工作的精油有：雪松、冷杉、苦橙叶。你可以用这几种精油扩香或滴在随身香氛饰品上，也可以调配开运香水。

配方第69号

工作顺利事业旺

前味——冷杉精油1毫升 + 薄荷精油1毫升 + 甜橙精油1毫升
中味——雪松精油2毫升 + 苦橙叶精油2毫升
后味——岩兰草精油2毫升 + 没药精油1毫升

香水酒精10毫升

适合各行各业
增进财运及事业运的精油配方

这款配方适合往外地外国发展，创业开业，或是从事全新的领域开创，研发的投入者。

配方第70号

创业新贵

前味——冷杉精油1毫升＋松针精油1毫升＋丝柏精油1毫升
中味——雪松精油1毫升＋榄香脂精油1毫升＋花梨木精油1毫升＋佛手柑精油1毫升
后味——岩兰草精油1毫升＋乳香精油1毫升＋檀香精油1毫升

香水酒精10毫升

适合从事
金融、外贸业的精油香水配方

这款配方属于金钱往来密切，每天与数字为伍，工作压力大但是成功获利高的行业人士。

配方第71号

招财进宝

前味——奥图玫瑰精油1毫升＋葡萄柚精油1毫升＋柠檬精油1毫升
中味——玫瑰天竺葵精油2毫升＋洋甘菊精油1毫升＋橙花精油1毫升
后味——岩兰草精油1毫升＋檀香精油1毫升＋姜精油1毫升

香水酒精10毫升

适合从事
电子业、科技业的精油香水配方

电子业、科技业也是人人称羡的行业，但是主要是科技理工男的天下，竞争压力大，需要专心稳定的心情，冷静分析的头脑，而且别忘了，科技必须来自人性，所以理工精密计算的外表，也要包藏着人情温馨的心。

配方第72号

科技高手

前味——薰衣草精油3毫升＋迷迭香精油1毫升＋茶树精油1毫升
中味——冷杉精油1毫升＋罗勒精油1毫升
后味——桧木精油1毫升＋茴香精油1毫升＋乳香精油1毫升

香水酒精10毫升

适合从事 餐饮、食品、旅游业者的精油香水配方

这些行业都是服务业，也都是整天与人打交道，需要好人缘的特质。每天遇到的人什么背景都有，和气才能生财，你所散发的气质，也是要让人喜欢与你接近，亲和力高。

配方第73号

最佳人缘奖

前味——甜橙精油1毫升＋香蜂草精油1毫升＋马郁兰精油1毫升
中味——茉莉精油1毫升＋洋甘菊精油1毫升＋依兰精油1毫升＋罗勒精油1毫升
后味——岩兰草精油1毫升＋茴香精油1毫升＋安息香精油1毫升

香水酒精10毫升

适合从事 美容业、SPA、健身、瑜伽行业的精油香水配方

真正的美是从内而外，有美丽的心情，合宜的身材，保养好的外表，所以无论是单纯做SPA美体保养，还是去做瑜伽健身，其实都是希望自己更美好。而相关的从业人员，也要把自身的形象保养好，特别是气质要照顾到，不可能上课还在教吐纳，下课却在门口抽烟。

配方第74号

美的本质

前味——迷迭香精油1毫升＋苦橙叶精油1毫升
中味——玫瑰天竺葵精油2毫升＋花梨木精油1毫升＋橙花精油2毫升
后味——玫瑰原精2毫升＋黑胡椒精油1毫升

香水酒精10毫升

适合专业人士的精油香水配方：如会计师、律师、医师

清晰有条理的规范，通过认证的品质保证，全然的信任感，是各种“师”的客户基础，所以在气质上唯一要塑造的，就是专业的形象。

配方第75号

专业

前味——茶树精油1毫升＋丝柏精油1毫升＋薄荷精油1毫升＋柠檬精油1毫升
中味——佛手柑精油1毫升＋迷迭香精油1毫升＋丁香精油1毫升
后味——岩兰草精油1毫升＋桧木精油1毫升＋乳香精油1毫升

香水酒精10毫升

适合求学运、考试过关的精油香水配方

用香氛香水来增进考运，希望获得好成绩是有科学根据的。因为根据研究，精油的香味的确能帮助记忆或是注意力的集中，最知名的就是迷迭香。

另外也根据这些研究的建议，在读书或是研习的时候，使用特定的香水配方，能提供特定的“读书氛围”，在这种氛围下读书的效率也会提高，所以，面临考试或是寻求好成绩的学生，别忘了给自己设计一款“读书专用”的香水配方，才能事半功倍喔！

配方第76号

金榜题名

前味——迷迭香精油2毫升＋柠檬精油1毫升＋薄荷精油1毫升
中味——罗勒精油1毫升＋花梨木精油1毫升＋薰衣草精油1毫升
后味——岩兰草精油1毫升＋香茅精油1毫升＋雪松精油1毫升

香水酒精10毫升

增进你的桃花运的精油香水配方

香水使用最多的时机与场所就是与异性交往时，因为适当的香味的确为你加分不少。但是男性香水用得不好会让人对你感觉滑头、好色、油腻，女性香水用得不好则会让人对你的印象负面，觉得卖弄性感、做作、招蜂引蝶。

好的香水配方会表达出不凡与特殊气质，让人对你好奇、亲切、易熟，那是因为精油香味对于异性的磁场特别有相吸效应，可以在体内影响男女的眼神接触所分泌的多巴胺之类的化学物质，增加你的异性魅力。

配方第77号

桃花开（男生用）

前味——迷迭香精油1毫升＋马鞭草精油1毫升＋薰衣草精油1毫升
中味——花梨木精油1毫升＋雪松精油1毫升＋冷杉精油1毫升
后味——檀香精油2毫升＋桧木精油1毫升＋广藿香精油1毫升

香水酒精10毫升

配方第78号

桃花开（女生用）

前味——奥图玫瑰精油1毫升＋橙花精油1毫升＋薰衣草精油1毫升＋葡萄柚精油1毫升
中味——茉莉精油1毫升＋依兰精油1毫升＋花梨木精油1毫升
后味——没药精油1毫升＋肉桂精油1毫升＋乳香精油1毫升

香水酒精10毫升

防小人避坏运的精油香水配方

此类精油，有助于提升人际关系的和谐，对于经常出口伤人，或是常犯口舌之灾的人来说，也有在个性上的修正及提升自己内心的包容及宽容度，可以让你近贵人而远小人。

另外一个妙用则是如果觉得自己气比较弱，或是出入、经过例如丧事、医院、车祸意外现场、荒郊野外，而觉得有些不舒服，也可以用这款配方改善自己的磁场。

配方第79号

小人退散

前味——甜橙精油1毫升＋葡萄柚精油1毫升＋薄荷精油1毫升
中味——广藿香精油1毫升＋松针精油1毫升＋天竺葵精油1毫升
后味——檀香精油2毫升＋岩兰草精油2毫升

香水酒精10毫升

求平安健康运的精油香水配方

众所皆知很多精油都有助于身体免疫力的提升，精油香氛也可在自身的周遭形成一个屏障，提升身体的正面能量。用精油香水调配出整体改善你身心灵健康，并提供平安好气氛，可以用这款配方。

配方第80号

永保安康

前味——松针精油1毫升＋杜松莓精油1毫升＋茶树精油1毫升＋柠檬精油1毫升
中味——雪松精油1毫升＋百里香精油1毫升＋迷迭香精油1毫升
后味——姜精油1毫升＋肉桂精油1毫升＋安息香精油1毫升

香水酒精10毫升

增进夫妻感情的精油香水配方

人家说夫妻同心齐利断金，此类精油对于忙碌的现在夫妻来说，是可以在卧房扩香香氛，或是用一两滴滴在枕头或棉被上，可增进彼此的感情，化解平日言语的摩擦及情绪上的反弹，可以让夫妻同心也有助于做人成功。

配方第81号

琴瑟和鸣

前味——葡萄柚精油1毫升＋薰衣草精油1毫升＋奥图玫瑰精油1毫升＋香蜂草精油1毫升
中味——依兰精油1毫升＋花梨木精油1毫升＋茉莉精油1毫升
后味——岩兰草精油1毫升＋肉桂精油1毫升＋玫瑰原精1毫升

香水酒精10毫升

增进亲子和谐、家庭和乐的精油香水配方

佛手柑、苦橙叶、甜橙、芳樟叶、榄香脂。

此类精油很适合用于幼童，可以缓和孩童的焦躁情绪，不管是小孩房或是扩香使用，或是滴在扩香瓶中挂在身上，或使用香氛袋挂在房间门上皆可。

配方第82号

阖家欢

前味——甜橙精油1毫升＋柠檬精油1毫升＋香蜂草精油1毫升
中味——尤加利精油1毫升＋苦橙叶精油1毫升＋快乐鼠尾草精油1毫升
后味——安息香精油1毫升＋茴香精油1毫升＋肉桂精油1毫升

香水酒精10毫升

求财运的精油香水配方

众所皆知，最招财的精油排名就是：檀香、洋甘菊、岩兰草。檀香俗称黄金树，本身又有宗教神圣的地位。洋甘菊号称最招好手气的精油，把洋甘菊当作随手香，就算摸乐透也能祝你好运。岩兰草是标准的土木香，有土就有财，那么，要如何搭配出招财的香水配方呢？

配方第83号

财神到

前味——洋甘菊精油2毫升＋薰衣草精油1毫升＋苦橙叶精油1毫升
中味——马郁兰精油1毫升＋香茅精油1毫升＋杜松莓精油1毫升
后味——檀香精油1毫升＋岩兰草精油2毫升

香水酒精10毫升

生活与工作氛围香水

四季氛围主题的精油香水配方

度过了冬天的畏缩寒冷，春天要充满活力，充满朝气。马郁兰与迷迭香可以提供你清新草香的活力，佛手柑摆脱抑郁迎接朝气，洋甘菊与橙花都是香味强烈且带来愉快的香氛能量，马鞭草与雪松的搭配，没药与乳香的搭配，也都是提供美好的春日信息。

配方第84号

春之香氛

前味——马郁兰精油1毫升＋迷迭香精油2毫升＋佛手柑精油1毫升
中味——洋甘菊精油1毫升＋橙花精油1毫升＋马鞭草精油1毫升
后味——没药精油1毫升＋雪松精油1毫升＋乳香精油1毫升

香水酒精10毫升

让清凉的药草薄荷拉开你夏日序幕，迷迭香与甜橙完美的香气比例给你随时的灵活心情。松针、天竺葵、香蜂草、柠檬……让你享受夏季的活力与能量，这个夏天你最酷！

配方第85号

夏之香氛

前味——薄荷精油2毫升＋迷迭香精油1毫升＋甜橙精油2毫升＋柠檬精油1毫升
中味——天竺葵精油1毫升＋松针精油1毫升＋香蜂草精油1毫升
后味——岩兰草精油1毫升

香水酒精10毫升

冰封森林的冷杉揭开序幕，家里那颗雪松香柏圣诞树给你甜蜜迎接，茴香肉桂像是厨房里准备的大餐，安息香有着舒适懒散的氛围，这就是冬天回到家的温馨香氛。

配方第86号

冬之香氛

前味——冷杉精油2毫升＋丝柏精油1毫升
中味——雪松精油2毫升
后味——安息香精油1毫升＋茴香精油2毫升＋肉桂精油2毫升

香水酒精10毫升

适合浴室情调香水

你希望家里的浴室，该有什么样的氛围？是干净清爽？那就要有尤加利来消除厕所异味。是清新明朗？那就该用柠檬精油来清新空气。是放松、纾压的私人空间？那就用茉莉、苦橙叶最好放松。其实这些都可以用为浴室的香氛，我们提供一种示范配方，其他的你可以自行创意发挥，调出来的香水可以作为浴室随手的专用香水，也可以用于泡澡使用。

配方第87号

清新浪漫

前味——尤加利精油1毫升＋薄荷精油2毫升＋冷杉精油2毫升
中味——苦橙叶精油3毫升
后味——茉莉精油2毫升

香水酒精10毫升

适合客厅情调香水

精油可以把原本是世界各地的植物精华，浓缩成精油，再稀释成香味配方，还原在你的环境四周，客厅如果有了桧木精油的香味，就可以让你的客厅变成森林芬多精大地，有了冷杉精油，让你的客厅变成欧洲度假中心，你希望你的客厅有什么香氛氛围呢？

配方第88号

森呼吸

前味——冷杉精油2毫升＋丝柏精油1毫升
中味——桧木精油3毫升＋雪松精油2毫升＋杜松莓精油1毫升
后味——岩兰草精油1毫升

香水酒精10毫升

适合长辈卧室、病房情调香水

老年人或是需要长照的病人，在需求上有几个特征：

† 行动缓慢，因此多半长期待在室内，闷在家里。因此房间的空气品质很重要。

† 因为行动不便或是不精准，以及消化系统，呼吸系统多少都会有些累积的毛病，因此体味会比较重，也就是“老人味”。

† 老年人会面临记忆衰退的问题，而嗅觉神经连接大脑的海马回，就是最重要的与记忆相关的部位。

† 需要把心情多作开导，保持乐观积极的心态。

因此比较相关的精油有这些：

- **迷迭香精油**：增强记忆力，活化脑力。
- **松针精油**：改善空气质量，消除异味。
- **香蜂草精油**：灵动空气，活力十足。
- **雪松精油**：芬多精是空气维生素。
- **天竺葵精油**：改善更年期的不适。
- **丝柏精油**：稳定病人焦躁的情绪。
- **迷迭香精油**：分解病房中那种属于医院的冷漠气味，并提供很好的杀菌能力。
- **薰衣草精油**：安抚长期病患神经，并协助不易入睡的困扰。
- **冷杉精油**：开阔病人烦闷的心情，给予自身免疫系统的协助，帮助康复。
- **柠檬精油**：对于食欲不佳，心情不好的病人能有协助及提供正能量。

所以除了推荐的香氛配方外，也可以自行变化，尽可能多用精油把房间布置出户外大自然的氛围，更有益身心。

配方第89号

永葆常青

前味——迷迭香精油1毫升＋柠檬精油1毫升＋甜橙精油1毫升＋佛手柑精油1毫升
中味——香蜂草精油1毫升＋松针精油1毫升＋天竺葵精油1毫升
后味——安息香精油1毫升＋岩兰草精油1毫升＋广藿香精油1毫升

香水酒精10毫升

适合儿童房情调香水

嗅觉神经是第一对脑神经，28周的胎儿就已经有嗅觉了，根据研究甚至在妈妈的羊水中，胎儿就会对气味做出反应。刚出生的婴儿也有识别妈妈的气味与饥饿时寻找奶水气味的本能，气味对婴幼儿的重要程度超过你我的想象，最实际的例子是，很多人甚至会保留他（她）小时候用的枕头布或是破被子，并且要闻着这种气味才好入睡。

用精油香水装饰小孩房并提供舒适的氛围，对小朋友的身心发展，心理需求都有非常惊人的协助，以下三个主题香味绝对不可错过：

- **洋甘菊精油**：给小宝贝安全与自信的氛围。
- **甜橙精油**：给小宝贝快乐与满足的氛围。
- **安息香精油**：给小宝贝幸福与甜美的氛围。

配方第90号

亲亲宝贝

前味——薰衣草精油2毫升＋甜橙精油2毫升
中味——洋甘菊精油1毫升＋依兰精油1毫升＋冷杉精油1毫升
后味——檀香精油1毫升＋乳香精油1毫升＋安息香精油1毫升

香水酒精10毫升

（备注：这个安全配方蚕豆症患者也可以用，但扩香或使用香水香氛时，需与小朋友保持一米以上距离。）

适合卧房情调香水

卧房是最需要香氛情趣的首选，事实上你应该多准备几种卧房情调的香水配方，以搭配不同的时机与需求，在此先点出主题精油能有哪些诉求：

- **玫瑰精油**：卧房首选当然是玫瑰精油（原精或奥图都可以），花中之后。
- **茉莉精油**：另一种非常推崇的浪漫氛围创造者，提供浓郁醉人的香味。
- **依兰精油**：在依兰的盛产地东南亚一带，新婚房一定洒满依兰花瓣。
- **薰衣草精油**：眼睛闭上，你仿佛置身梦幻紫色的薰衣草原间。
- **马鞭草精油**：充满活力与灵感的精油，能给你带来好梦。
- **乳香精油**：古时比黄金还珍贵的乳香，稳定心神并给予安全感，适合有信仰的人。

以上这些主题，或浪漫或纾压或禅定，都可以成为卧房的今夜主题，我们以浪漫为例，示范浪漫的卧房该如何搭配香氛香水。

配方第91号

永浴爱河

前味——薰衣草精油2毫升＋奥图玫瑰精油1毫升
中味——依兰精油2毫升＋甜橙精油1毫升＋
苦橙叶精油1毫升
后味——姜精油1毫升＋肉桂精油1毫升＋
玫瑰原精1毫升

香水酒精10毫升

适合书房情调香水

书房可以是孩子做功课，用功读书的地方，也可以是在家工作者的工作室，或是下班回家后，思考、放松、冥想、泡茶的休闲室，你的书房是哪种呢？

- **桧木精油**：最有古朴书卷味的香味。
- **迷迭香精油**：集中注意力，读书做研究最有效率的香味。
- **檀香精油**：适合创意冥想，打坐禅定。
- **佛手柑精油**：自由发想，放空发呆看漫画的心情。

选定一种主题氛围，并搭配合适的助攻香氛精油，创造出你要的书房气质。

配方第92号

效率读书房

前味——迷迭香精油2毫升＋薄荷精油2毫升
中味——柠檬精油1毫升＋松针精油1毫升＋
丝柏精油1毫升
后味——岩兰草精油1毫升＋
快乐鼠尾草精油1毫升＋
杜松莓精油1毫升

香水酒精10毫升

适合会客室大厅氛围香水

许多企业经营者花了大把费用打广告、做行销包装，目的当然是为了要给市场给业界良好的品牌印象，这样业务推动才能更顺利，请问有思考过，当合作商家或客户来访时，他们对你公司的第一眼印象从哪里开始呢？

迎宾柜台？会客厅？门口大厅？

国内某家知名五星级度假酒店在一楼大厅会用上玫瑰精油，营造高贵的第一眼印象，而在房客等候室用的是木香、迷迭香、肉桂香料的复方调香氛，营造家的温馨感，据说这个酒店的经营者本身就有是芳疗精油的兴趣，因此她也懂得用香氛在无形中给来客营造出独特的气质。

你希望你的企业或是营业场所能给每个访客什么感受呢？

- **松针精油**：展现公司大方、热诚、冷静的形象。
- **葡萄柚精油**：展现公司有活力、亲切、有创意的形象。
- **岩兰草精油**：展现公司稳扎稳打，根基深厚，在乎耕耘的形象。
- **花梨木精油**：展现公司活泼求新求变的形象。
- **迷迭香精油**：展现公司高科技，效率的形象。

如果是一间气氛活泼轻松的服饰卖场，在你的营业大厅可以用轻松、愉快的香氛作为前味，在中后味可以用厚实的草香与温暖的香料香营造温馨感与购物信任。

配方第93号

快乐购物日

前味——葡萄柚精油1毫升＋甜橙精油1毫升＋芳樟叶精油1毫升＋薄荷精油1毫升
中味——香茅精油1毫升＋马郁兰精油1毫升＋雪松精油1毫升
后味——肉桂精油1毫升＋茴香精油1毫升＋安息香精油1毫升

香水酒精10毫升

适合主管办公室氛围香水

你是个好主管吗？

这样问也许太直接，那么，你觉得你是个称职的主管吗？你希望你给下属或是公司其他同事，又是什么样的感觉？是亲切？威严？温情？还是其他？这些抽象的场域气氛，也都可以用精油营造出对应气场：

- **檀香精油**：给人威严、有执行力的王者形象。
- **茉莉精油**：给人女王般的雍容华贵且亲民的皇家形象。
- **橙花精油**：给人亲切易沟通、没有架子的平行形象。

合适的领袖气质，才能领导出精准的企业文化与形象特质，这个团队与公司品牌形象也才能更突出。

配方第94号

女王陛下

前味——薰衣草精油1毫升＋香蜂草精油1毫升＋冷杉精油1毫升＋柠檬精油1毫升
中味——奥图茉莉精油1毫升＋洋甘菊精油1毫升＋佛手柑精油1毫升
后味——乳香精油1毫升＋没药精油1毫升＋广藿香精油1毫升

香水酒精10毫升

适合会议室氛围香水

上班族对于每一次会议，应该都有不同的经验值。

有的会议火药味十足，互相指责，有的会议沉闷单调，苦思无解，偏偏叫作脑力激荡会，有的会议钩心斗角，互相推卸责任……会议室的功能应该是集中智慧，解决问题，得到结论，才是个成功的会议。这时候，会议室的空气中弥漫着什么“气氛”，就很重要了。

- **葡萄柚精油**：激发创意与灵感，活泼空气。
- **薰衣草精油**：降低讨论或争执时的火药味，提供和谐的氛围。
- **雪松精油**：踏实与灵感完美的平衡，让会议内容不至于天马行空而有实际的意义。

我们用葡萄柚作为香味主题，设计出一款最适合脑力激荡用的氛围香水。

配方第95号

灵感大爆发

前味——葡萄柚精油2毫升＋薄荷精油1毫升＋甜橙精油1毫升
中味——花梨木精油1毫升＋芳樟叶精油1毫升＋罗勒精油1毫升
后味——香茅精油1毫升＋黑胡椒精油1毫升＋丁香精油1毫升

香水酒精10毫升

适合团体办公室氛围香水

公司里最普遍的工作环境就是团体办公室，在一个大空间中，分隔出每个人工作的小单位，既保留个人一定的隐私与工作范围，也很容易进行团体的沟通协调。但是这种大空间有个缺点就是空气品质，例如某人只要在座位上吃个便当，或是某位同事很容易流汗，还有就是在影印机旁边总是有股怪怪的味道，据说是影印时会发出的臭氧，更别提空调，如果没有常常清洁保养，肯定会有闷闷的空调怪味。

这些气味直接、间接的影响你的心情与健康，但是作为团体办公室的一分子，你也无能为力，只好默默承受。看看下面的清单，你觉得你需要处理哪些问题呢？

- **迷迭香精油**：协助注意力的集中，工作效率。
- **薄荷精油**：化解烦闷，提供清新。
- **尤加利精油**：提供干净的空气，降低流感时的交互感染概率。
- **薰衣草精油**：提供令人愉快的轻松的香氛。

我想百分之百地认为都需要吧？那我们把这些配方都加进去！

配方第96号

团结一致

前味——迷迭香精油2毫升＋薄荷精油1毫升＋尤加利精油2毫升＋薰衣草精油1毫升
中味——丝柏精油1毫升＋茶树精油1毫升
后味——香茅精油1毫升＋安息香精油1毫升

香水酒精10毫升

适合车内情调香水

最聪明的人一定懂得在车上用精油作为香氛来源，而不是汽车香水。

车室空间那么小，所以香氛的浓度也比较高，如果用市售常见的化学香精汽车香水，对乘客的危害也更大。回想一下是不是常常有人抱怨，不喜欢汽车香水，觉得闻起来不舒服，晕车想吐？改用自己调配的植物精油香水，立刻转害为利，更为享受！

- **薄荷精油**：提神醒脑的首选，保证让你开车神清气爽，精神百倍。
- **桧木精油**：化解烦躁，提供芬多精，让开车成为心旷神怡的驾驭，而非堵在路上的烦心。
- **茶树精油**：预防病毒，提供密闭的车室空间中更多的安全。
- **薰衣草精油**：舒解压力，稳定精神。
- **甜橙精油**：提供快乐出游的心情。

其实以上任何一种作为车上的香氛香水，就足以提供很棒的氛围感受，我们就以清新安全为主题，发挥创意，设计出复方的车用香水。

配方第97号

平安行车、清醒一路

前味——薄荷精油2毫升＋甜橙精油1毫升＋松针精油1毫升

中味——茶树精油2毫升＋尤加利精油2毫升

后味——丁香精油1毫升＋乳香精油1毫升

香水酒精10毫升

升级自我的香水配方

自己调配香水的另一个好处是可以很自我，可以根据自己的个性做调整修改，例如觉得自己缺乏自信？或是比较忧郁？你都可以给自己用精油香水升级的机会。

自信升级的香水配方

在现今社会竞争下，我们总是活在别人的眼光下，在乎别人的看法、想法，总觉得自己不够好、不够聪明、不够成功，长期受困于此无法摆脱，以至于越来越没有自信；此配方茉莉、马鞭草、洋甘菊增加自信与勇气，姜给予正向积极的感受；整体帮助提升自我活力与自信，活出自在的人生。

配方第98号

神采飞扬

前味——薄荷精油3毫升＋柠檬精油3毫升＋茶树精油0.5毫升
中味——马鞭草精油1毫升＋洋甘菊精油1毫升＋柠檬香茅精油0.5毫升
后味——姜精油0.5毫升＋茉莉精油0.5毫升

香水酒精10毫升

热情升级的香水配方

现代人工作繁忙，长期处于压力，情绪焦虑、低落，对于生活已无热情与新鲜感，此配方果香增添愉悦快乐氛围；花梨木给予支持陪伴感受，让人感觉温暖；岩兰草供给每日所需能量，给予活力与精力；帮现代人远离忧郁低落的情绪。

配方第99号

喜乐常在

前味——甜橙精油1.5毫升 + 葡萄柚精油2毫升 + 柠檬精油1.5毫升
中味——花梨木精油2毫升 + 薰衣草精油2毫升
后味——岩兰草精油1毫升

香水酒精10毫升

释放压力的香水配方

适合被生活压力所捆绑的现代人；压力、压抑、疲累、疲惫、无力感压得身体喘不过气，感觉整个人快被击垮，这样的形容刚好符合你的状态吗？伊兰将你压抑许久身心得到释放，姜给你活力的来源，乳香、黑胡椒将堆积已久的身心毒素循环代谢，帮助你把重担都卸下。

配方第100号

解脱释放

前味——甜橙精油3毫升 + 薄荷精油1毫升 + 乳香精油1.5毫升
中味——薰衣草精油2毫升 + 黑胡椒精油1毫升
后味——伊兰精油0.5毫升 + 姜精油0.5毫升

香水酒精10毫升

活力升级的香水配方

适合懒惰、被动、认命，活在过去，对未来失去热情的人。没药帮助面对未来斩断过去；薄荷、迷迭香、罗勒给予精神集中；天竺葵给予正面积极能量；姜、岩兰草补充活力；散发活力，拥抱挑战，积极面对未来！

配方第101号

活力四射

前味——薄荷精油3.5毫升 + 甜橙精油3.5毫升
中味——快乐鼠尾草精油0.75毫升 + 天竺葵精油1毫升 + 罗勒精油0.25毫升 + 迷迭香精油0.25毫升
后味——没药精油0.25毫升 + 姜精油0.25毫升 + 岩兰草精油0.25毫升

香水酒精10毫升

勇气升级的香水配方

遭遇挫折缺乏勇气，意志消沉，让你提不起劲吗？马鞭草帮你重拾自信勇气，迷迭香帮助你思考清晰，姜、肉桂给你源源不绝的活力，葡萄柚、甜橙给你阳光的正能量；相信自己，勇往直前吧！

配方第102号

勇往直前

前味——葡萄柚精油3毫升 + 甜橙精油2毫升 + 薄荷精油1毫升
中味——马鞭草精油1.5毫升 + 迷迭香精油1毫升 + 茴香精油0.5毫升
后味——姜精油0.5毫升 + 肉桂精油0.5毫升

香水酒精10毫升

暂停一下的香水配方

适合休憩时放松，享受个人时光；找一个惬意的午后，一个人的独处时光，喝个下午茶，感受味觉与嗅觉的飨宴。

配方第103号

自在乐活

前味——葡萄柚精油3毫升 + 薄荷精油1毫升 + 柠檬精油2毫升
中味——洋甘菊精油0.5毫升 + 马郁兰精1毫升 + 迷迭香精油1毫升
后味——桧木精油0.5毫升 + 橙花精油1毫升

香水酒精10毫升

抛开烦恼的香水配方

适合烦恼多的人，想太多的人；生活中的烦恼想也想不清，反复思索也找不到答案；轻快的气味，让你抛开枷锁，别想太多，保持乐观的心态，傻人有傻福。

配方第104号

无忧无虑

前味——柠檬精油2毫升＋佛手柑精油1毫升＋甜橙精油1毫升＋葡萄柚精油2毫升
中味——薰衣草精油0.5毫升＋花梨木精油1毫升＋迷迭香精油1毫升＋丝柏精油0.5毫升
后味——雪松精油0.5毫升＋桧木精油0.5毫升

香水酒精10毫升

正能量升级的香水配方

适合忧虑、担忧，觉得乌云笼罩，负面情绪高涨，满脑子想的都是不好事情的人；丝柏、松针、冷杉、雪松帮助你认识自我、认同自我、净化提升自我；乳香帮助斩断不好的回忆；岩兰草给予根源能量；柠檬、葡萄柚给予魅力与自信。

配方第105号

清新净化

前味——柠檬精油2毫升＋葡萄柚精油1毫升＋尤加利精油1毫升＋乳香精油2毫升
中味——松针精油1毫升＋丝柏精油1毫升＋冷杉精油1毫升
后味——岩兰草精油0.5毫升＋雪松精油0.5毫升

香水酒精10毫升

快乐升级的香水配方

快乐就是那么简单，花果香气适合营造快乐氛围，在任何你想塑造轻松愉悦的时刻都可使用。

配方第106号

快乐源泉

前味——甜橙精油2毫升＋葡萄柚精油2毫升＋佛手柑精油2毫升
中味——花梨木精油1.25毫升＋薰衣草精油1毫升
后味——玫瑰精油1毫升＋丁香精油0.25毫升＋肉桂精油0.25毫升＋姜精油0.25毫升

香水酒精10毫升

魅力升级的香水配方

娇艳的花香气息，仿佛置身于富丽堂皇充满各种美丽花朵的皇宫一般。

前味带有一丝丝的果香气息，在这里代表着那原始纯真的心，在历经各种生活与感情的历练后，成为更具智慧与魅力的成熟女性，此时，需要被抚慰的心灵更是潜藏在那表面从容的外表之下。

配方第107号

姹紫嫣红

前味——佛手柑精油2毫升＋柠檬精油1.5毫升
中味——天竺葵精油2毫升＋薰衣草精油1.5毫升＋花梨木精油1毫升
后味——丁香精油0.5毫升＋依兰精油0.5毫升＋广藿香0.5毫升＋玫瑰精油0.5毫升

香水酒精10毫升

沉淀自我的香水配方

与自己共处，找寻内心的平静与喜乐，远离焦虑；洋甘菊、薰衣草、苦橙叶、安息香帮助你沉稳宁静；乳香、雪松让你看清自我，不再随波逐流。

配方第108号

宁静平衡

前味——乳香精油4毫升＋薄荷精油1毫升
中味——洋甘菊精油1毫升＋芳樟叶精油1毫升＋薰衣草精油1毫升＋苦橙叶精油1毫升
后味——安息香精油0.5毫升＋雪松精油0.5毫升

香水酒精10毫升

职场丽人战力升级的香水配方

带有一丝丝甜味的青草香，在这里代表着年轻有想法的年轻女孩，在职场中拥有目标与梦想，在追求生活如何更加美好的道路上，内心不免经历挫折与打击。

在苦难与挑战中越挫越勇，如苹果的香气带来无比的勇气及抚慰人心的花香，使人看见未来无限的希望与奇迹。

配方第109号

绿色奇迹

前味——薄荷精油1毫升＋尤加利精油1毫升＋葡萄柚精油1.5毫升
中味——洋甘菊精油2毫升＋玫瑰天竺葵精油2毫升＋快乐鼠尾草精油1毫升＋马郁兰精油0.5毫升
后味——广藿香精油0.5毫升＋安息香精油0.5毫升

香水酒精10毫升

喜怒哀乐的香水配方

味如其名，果香调为主的喜悦香气，让你忆起失去已久的喜悦笑容。

阳光、快乐的记忆涌现，将这一切的美好记忆都串联在一起，让微笑不由自主地自然展现开来，这种喜悦尤其内敛而不高调，让快乐留在心里面细细品味，意犹未尽。

配方第110号

八方情感系列——喜笑颜开

前味——葡萄柚精油3毫升＋甜橙精油2毫升
中味——洋甘菊精油1毫升＋马鞭草精油1毫升
后味——冷杉精油1毫升＋橙花精油2毫升

香水酒精10毫升

压力、焦虑，是产生愤怒情绪的常见因子，佛手柑神奇的魔力让情绪产生流动。

看似强势愤怒情绪的外表下，其实常有一颗脆弱容易受伤的心灵，犹如在野外的猛兽一般，其实也是常感寂寞和无助的，花草果木多层次的气味交替，产生出独特的安定感受。

配方第111号

八方情感系列——心如止水

前味——佛手柑精油3毫升
中味——玫瑰精油1毫升＋苦橙叶精油2毫升＋薰衣草精油2毫升
后味——岩兰草精油1毫升＋檀香精油1毫升

香水酒精10毫升

哀伤是自我疗郁的必经过程，但经常容易感到哀伤的人，会习惯常用悲观的角度看待许多事物。有着蜂蜜香甜又带着活泼的气味，最适合引领着情绪走向乐观与希望。任何困难与不幸，都有着希望和转机，重要的是，我们是否愿意让自己将注意力摆对地方，一起和哀伤道别吧！

配方第112号

八方情感系列——告别哀伤

前味——佛手柑精油1.5毫升＋薄荷精油2毫升＋香蜂草精油2毫升
中味——天竺葵精油2毫升＋马郁兰精油1毫升
后味——没药精油0.5毫升＋安息香精油0.5毫升＋檀香精油0.5毫升

香水酒精10毫升

有着年轻可爱和温暖的果香气息让人意犹未尽。真正的快乐并不是一时的，而是常在我们的心中，成为一种习惯，一种生活的态度。快乐的氛围在这样的气息当中可以感受到三种不同的层次，也意味着人生在不同阶段都有值得令人快乐的事情不断在发生，等待我们去体验和探索。

配方第113号

八方情感系列——乐不可支

前味——甜橙精油2.5毫升 + 柠檬精油2毫升
中味——橙花精油1毫升 + 苦橙叶精油1毫升 + 洋甘菊精油1毫升
后味——雪松精油1毫升 + 安息香精油1.5毫升

香水酒精10毫升

人生无常，让一个活在悲痛中的人开心一点，就如同让一名坐在轮椅上无法行走的人站起来一样。

悲痛，需要被接纳，它会使我们更成熟。用芳疗师的高级配方，抚平你心中说不出的痛楚，疏通心口淤塞已久的情绪毒素。

配方第114号

八方情感系列——抚慰悲痛

前味——香蜂草精油2毫升
中味——永久花精油2毫升＋苦橙叶精油2毫升＋玫瑰精油2毫升
后味——檀香精油2毫升

香水酒精10毫升

在都市丛林生活中的你我，或许早已习惯了快速的生活步调，紧张和敏感的神经也就伴随而来。

由甜美果香带出一系列多层次而稳重的草木香气，使你我在面对这些突如其来，令人措手不及的事件中，处变不惊、从容不迫。

配方第115号

八方情感系列——从容不迫

前味——佛手柑精油3毫升
中味——薰衣草精油2毫升＋洋甘菊精油2.5毫升
后味——檀香精油1.5毫升＋广藿香精油1毫升

香水酒精10毫升

恐惧，来自未知的领域和心中的想象。

清新带点微酸的前味让人思绪清晰，更有自信去面对未知的未来。带出辽阔草原的中味主调，代表的更是理性，不轻易被情绪所干扰。最后留下来的则是厚实的花香基调，阻挡了不美好的经验来影响现在的自己，让自信转化为真正的勇气。

配方第116号

八方情感系列——万夫之勇

前味——薄荷精油2.5毫升＋柠檬精油2毫升
中味——快乐鼠尾草精油1毫升＋洋甘菊精油1毫升＋丝柏精油1毫升
后味——茉莉精油1.5毫升＋乳香精油1毫升

香水酒精10毫升

思

心中有百般牵挂，或者是容易活在过去的人，往往容易忽略了现在的自己其实可以更美丽。

芳樟叶与花梨木和冬青木的香遇后，更能让冬青木的凉与甜被芳樟叶带到更深度的展现，呈现出类似桂花的香气。肉桂与少许的伊兰作为基香，更能表现等待一个人的心情。

较多的尖锐前味，则是再将整个惆怅的心情带往此刻认真积极活在当下的自己，然而过去的种种，我们却能以微笑来回应。

配方第117号

八方情感系列——神采奕奕

前味——迷迭香精油2毫升+柠檬精油2.5毫升+冬青木精油1毫升
中味——天竺葵精油1毫升+花梨木精油1毫升
后味——肉桂精油1毫升+芳樟叶精油1毫升+依兰精油0.5毫升

香水酒精10毫升

角色扮演用香水变装配方

香水香氛是女性带有魔法的隐身衣，众人看不到却有影响人的魔力，你希望装扮成哪一种呢？

配方第118号

魅惑女人香

前味——山鸡椒精油1毫升＋茴香精油1毫升
中味——玫瑰天竺葵精油3毫升＋
薰衣草精油3毫升
后味——乳香精油1.5毫升

香水酒精10毫升

魔法加分配方 ＋橙花精油0.5毫升

配方特色

女性回春用油，特别协助女性在冬天的精油香水配方，英国美容教主摩利夫人说芳香疗法的目的不是治病是回春，这款的香气调和了女性内分泌平衡的香气，对于情绪与身体都有很好的作用。

配方第119号

埃及艳后

前味——甜橙精油3毫升
中味——玫瑰草精油2毫升＋花梨木精油1毫升＋玫瑰天竺葵精油3毫升
后味——橙花精油0.5毫升

香水酒精10毫升

魔法加分配方 ＋保加利亚奥图玫瑰精油0.5毫升

配方特色

在感情上遇到很多风雨，逐渐失去自我信心的女性，让我们用皇后系列的玫瑰与公主系列的橙花疗愈自我的身心，特色是激发女性魅力，让自我在情感上战无不胜，攻无不克。

配方第120号

桃花朵朵

前味——柠檬精油1毫升＋甜橙精油2毫升
中味——玫瑰天竺葵精油3毫升＋高地薰衣草精油2毫升
后味——依兰精油1毫升

香水酒精10毫升

魔法加分配方 ＋小花茉莉精油1毫升

配方特色

魅力无限的招桃花香气，让女性的朋友在情感上创造幸福，配合深邃的小花茉莉的气味如同东方女性温柔深具的力量，对于渴望呵护与爱情的女性有强大的支持力量。

配方第121号

第一次约会

前味——香蜂草精油1毫升＋佛手柑精油1毫升＋薰衣草精油1毫升
中味——橙花精油1毫升＋依兰精油1毫升
后味——乳香精油1毫升＋玫瑰精油1毫升＋姜精油1毫升

香水酒精10毫升

魔法加分配方 ＋葡萄柚精油1毫升

配方特色

略轻柔的香味，充分表达出女性温柔婉约，气质出众以及你的礼貌，使你在第一眼的印象中，就先声夺人！葡萄柚香仿佛少女的体香，薰衣草激发出淡淡的花蜜香，偷偷藏了点姜香是让他不要小瞧你以为可欺，这个配方就是要表达出你的出众风采。

			果香系			
	香茅	迷迭香	柠檬	佛手柑	甜橙	葡萄柚
	Citronella	Rosemary	Lemon	Bergamot	Orange Sweet	Grapefuit
	端午	集中	阳光	解忧	活泼	青春
	地	火	金	天	火	火
	体力	工作耐力	沟通力	意志力	工作耐力	工作耐力
香与	清香带着厚重的茅草味	清新、具有穿透力，标准的草清香	酸甜气味，独特的柠檬味	类似苦橙中又带着花香，甜中带苦的独特甘味	清新香甜的柑橘味	把蜜柚香提升更高层次的芳香，仿佛看到果实丰收累累
香/	刺香／鲜香	清香／柔香／迷香	甜香／酸香	甜香／酸香／能量香	甜香／涩香	甜香／酸香／鲜香
味	前—中味	前—中味	前—中味	前—中味	前—中味	前味
心／ 效／ 质	除虫／香水／避邪／清新	记忆力／精神／开导／积极／抗菌／解劳	清香／活化／阳光／去味	护肤／解忧／抗老／消化／呼吸	忘忧／快乐／解腻／阳光／开朗	消化／活力／解忧／快乐／排水
激性	中等度刺激性	中等刺激性	略高度刺激性	中等度刺激性	中度刺激性	中等刺激性
不宜	无	蚕豆症患者不宜	具光敏性	略具光敏性	注意光敏性	注意光敏性

	香料种子香系						
安息香	广藿香	肉桂	罗勒	黑胡椒	丁香	姜	茴香
Benzoin	Patchouli	Cinnamon Leaf	Basil	Black Pepper	Clove Bud	Ginger	Fennel
甜美	中药	卡布奇诺	镇痛	温补	牙医	滋补	香料
地	水	地	火	土	天	土	土
体力	交际力	执行力	工作耐力	执行力	意志力	执行力	执行力
甜的香草带有安全抚慰心灵特性	强烈的泥土味、木质味	辛香气味，略冲鼻，有甜甜的麝香味	略为清甜，带有独特辛香刺激的气味	香味为辛辣的胡椒味，带有药味及草味	强劲、有穿透力的香料味	温暖、刺激、带有柠檬及胡椒气息	带有胡椒的刺激香味及熟悉的卤料香料味
香／药香／ 香／熟香	药香／异国香／暖香	药香／异国香／暖香	药香／刺香	辛香／幽香／暖香	辛香／刺香	辛香／暖香／泥香	辛香／暖香
中—后味	中—后味	中—后味	前—中味	中—后味	前—中味	中—后味	中—后味
润／柔化／ 安全感／ 纯的快乐	杀菌／修护／平衡	卡布奇诺／温暖／安抚／滋补	消化／镇定／解痛／穿透／舒解	消化／温补／调理／活血	杀菌／去腥／沮丧／元气	温暖／安抚／补身／平衡	消化／理气／丰胸／滋补／活血／生理
度刺激性	略强度刺激性	强烈刺激性	略强度刺激性	强烈刺激性	略高度刺激性	强烈刺激性	略高度刺激性
非常黏稠	怀孕期间宜小心使用，非常黏稠	怀孕期间宜小心使用，蚕豆症患者不宜	怀孕期间宜小心使用，蚕豆症患者不宜	怀孕期间宜小心使用	敏感肌肤需小心使用，蚕豆症患者不宜	怀孕期间宜小心使用	无

精油调香速简图

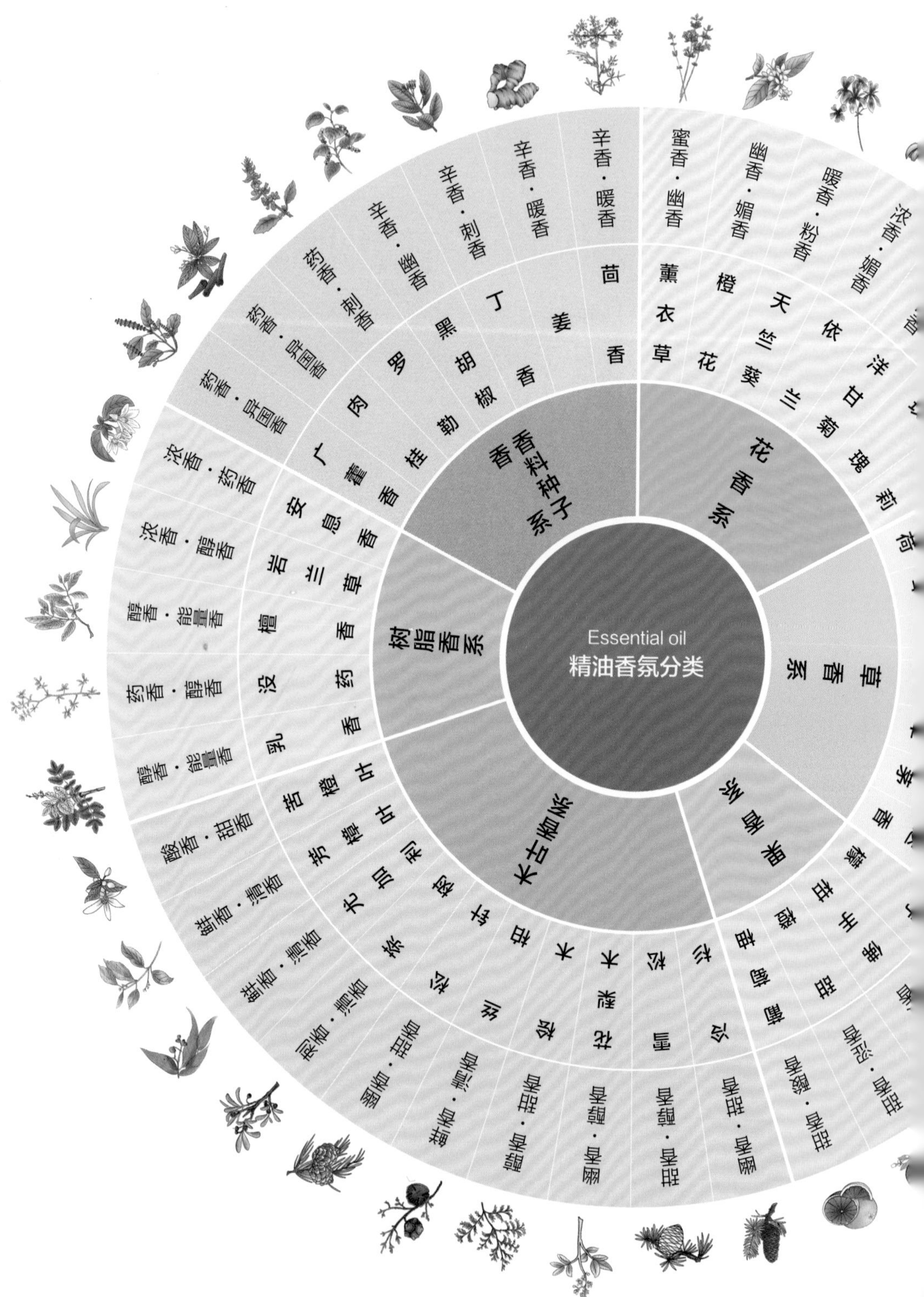
Essential oil
精油香氛分类
花香系
香料种子系
树脂香系
木质树脂系
草香系
柑橘系
茴香
辛香·暖香
姜
辛香·暖香
丁香
辛香·刺香
黑胡椒
辛香·刺香
肉豆蔻
药香·刺香
广藿香
药香·异国香
桂
药香·异国香
安息香
浓香·药香
岩兰草
浓香·醇香
檀香
醇香·能量香
没药
药香·醇香
乳香
醇香·能量香
苦橙叶
酸香·甜香
芳樟叶
鲜香·清香
尤加利
鲜香·清香
松
鲜香·清香
丝柏
树香·清香
杜松
树香·甜香
花梨木
甜香·醇香
雪松
甜香·醇香
薰衣草
蜜香·幽香
橙花
幽香·媚香
天竺葵
暖香·粉香
依兰
浓香·媚香
洋甘菊
玫瑰
茉莉
薄荷
葡萄柚
甜橙
甜香·酸香
甜香·微香

40 种精油速记表

		草香系				
玫瑰	茉莉	薄荷	香蜂草	快乐鼠尾草	马郁兰	马鞭草
Rose	Jasmine	Peppermint	Melissa	Clary Sage	Majoram	Verbena
精油之后	精油之王	清醒	灵活	子宫	放松	创意
水	火	火	金	天	火	水
交际力	工作耐力	工作耐力	沟通力	意志力	工作耐力	交际力
气复杂丰富，观花香系粉香的顶级感受	清香的前味带出浓郁的后味，为醇香系的顶级感受	清凉穿透开窍，尾味有甜美的草香	轻灵的蜜花香带着芬芳的柠檬清新味	强烈鲜明的药草气息又带点坚果香	温和中带有穿透的草香味	有柠檬的清草的优雅
香／幽香／暖／粉香／媚香	蜜香／浓香／粉香／媚香／吲哚香	清香／鲜香／凉香	甜香／酸香	药香／迷香	辛香／迷香	清香／酸香鲜香
一中一后味	前一中一后味	前一中味	前一中味	前一中一后味	前一中味	前一中
白／滋润／老／生理／无慰／平衡	抚慰／滋阴／子宫／压力／安神	清凉／开窍／提神／活泼／正能量	灵活／活化／精灵／蜜蜂／创意	强烈／生理／活化／护发	驱蚊／镇定／消炎／更年期／安抚	迷人／信品位／护活化／气
低度刺激性	低度刺激性	中等刺激性	中度刺激性	强度刺激性	中等度刺激性	略高度刺
酯吸法黏稠度较高	无	无	无	气味强烈，低潮、饮酒时容易被影响，肿瘤患者避免，蚕豆症患者不宜	蚕豆症患者不宜	蚕豆症患者

				树脂香系				
茶树	尤加利	芳樟叶	苦橙叶	乳香	没药	檀香	岩兰草	
a Tree	Eucalyptus Australia	Ho Leaf	Petitgrain	Frankincence	Myrrh	Sandalwood	Vetiver	
无菌	呼吸	怀旧	舒压	愈合	埃及艳后	精油之神	信心	
木	金	金	金	土	木	木	土	
划力	沟通力	沟通力	沟通力	执行力	企划力	企划力	执行力	
鼻的清新木	清新带有薄荷凉味、略冲鼻、有穿透力	熟悉的台湾味，黑松沙士的芳香提神味	香味夹着木质香，也有橙花香、青草香及浓厚的柑橘味	沉静淡雅的木质香味，源源不绝。有质感的甜香味	浓郁芬芳的树脂味，尾味带有香甜的花香及高贵的药草气质	木质香的顶级，细致且后味源源不绝	明显的土木香，深厚的草根香味，后劲十足	香味，感的
／清香	鲜香／清香	鲜香／清香／叶香	酸香／甜香／果香	醇香／能量香／甜香	药香／醇香／甜香／熟香	醇香／能量香／甜香／熟香	浓香／醇香／能量香／泥香	浓甜
一中味	前味	前一中味	前一中味	中一后味	中一后味	前一中一后味	中一后味	
／消毒／／清洁	抗螨／呼吸／净化／杀菌／协助	提神／驱虫／叶绿素／台湾	舒压／解腻／细致／放松／香水	抚慰／愈合／抗老／神圣／宗教	滋润／修护／东方／杀菌	能量／回春／性灵／抚慰／灵感	自信／土木／根基／安抚／修复／定香	滋单
度刺激性	中等度刺激性	略高	中度刺激性	中等刺激性	中等度刺激性	极低度刺激性	中等度刺激性	中
接接触莫部位	癫痫症患者宜先咨询	蚕豆症患者不宜	无	较黏稠	非常黏稠	无	非常黏稠	

前味 0 ~ 10 秒的香味

* 前味开局，负责第一眼印象。

前味精油表 Top Note

类别	精油	关键词
花	薰衣草	平衡
	天竺葵	温暖
	洋甘菊	舒敏
	依兰	浪漫
	橙花	贵族
	玫瑰	精油之后
	茉莉	精油之王
草	薄荷	清醒
	迷迭香	集中
	香蜂草	灵活
	香茅	端午
	快乐鼠尾草	子宫
	马郁兰	放松
	马鞭草	创意
果	葡萄柚	青春
	甜橙	活泼
	柠檬	阳光
	佛手柑	解忧
木	丝柏	长寿
	雪松	抚慰
	桧木	舒适
	茶树	无菌
	松针	抵抗力
	花梨木	灵感
	尤加利	呼吸
	芳樟叶	怀旧
	冷杉	玉山
	苦橙叶	舒压
香料	丁香	牙医
	罗勒	镇痛

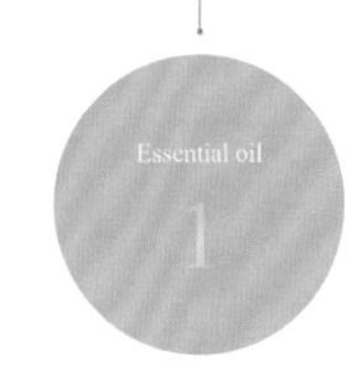

中

* 中

中味精油表 Heart Note

除了本书所附 121 个现有配方外，您也可以自行设计专属香水，建议依照下列步骤，解析您的思维。

您这次要调的香水，目的是：

Why ——→ 为什么想用香水

Who ——→ 调给谁用？扮演

Where ——→ 用在那里？什么

When ——→ 什么时间点用？

How ——→ 想暗示什么？想

调 香 流 程 图

味 10秒~1小时的香味

…持续，负责美好的感受。

类别	精油	关键词
花	薰衣草	平衡
	天竺葵	温暖
	洋甘菊	舒敏
	依兰	浪漫
	橙花	贵族
	玫瑰	精油之后
	茉莉	精油之王
草	薄荷	清醒
	迷迭香	集中
	香蜂草	灵活
	香水茅	端午
	快乐鼠尾草	子宫
	马郁兰	放松
	马鞭草	创意
果	甜橙	活泼
	柠檬	阳光
	佛手柑	解忧
木	丝柏	长寿
	雪松	抚慰
	桧木	舒适
	茶树	无菌
	松针	抵抗力
	花梨木	灵感
	芳樟叶	怀旧
	冷杉	玉山
	苦橙叶	舒压
树脂	乳香	愈合
	檀香	精油之神
	岩兰草	信心
	没药	埃及艳后
	安息香	甜美
香料	黑胡椒	温补
	肉桂	卡布奇诺
	姜	滋补
	丁香	牙医
	茴香	香料
	广藿香	中药
	罗勒	镇痛

后味 1小时~以后的香味

* 后味尾韵，负责永恒的价值。

后味精油表 Base Note

类别	精油	关键词
花	薰衣草	平衡
	天竺葵	温暖
	洋甘菊	舒敏
	依兰	浪漫
	橙花	贵族
	玫瑰	精油之后
	茉莉	精油之王
草	快乐鼠尾草	子宫
木	雪松	抚慰
	桧木	舒适
	松针	抵抗力
	花梨木	灵感
树脂	乳香	愈合
	檀香	精油之神
	岩兰草	信心
	没药	埃及艳后
	安息香	甜美
香料	黑胡椒	温补
	肉桂	卡布奇诺
	姜	滋补
	茴香	香料
	广藿香	中药

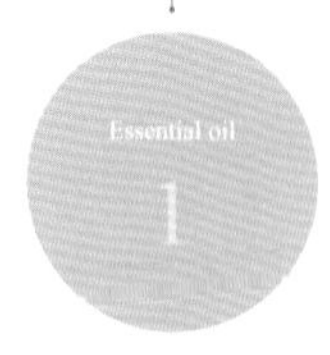

…?
…什么角色?
…场所?
…达成什么目的?

1. 有了目的，请先想前味该用什么精油？请放置该精油瓶在前味的位置。
2. 中味与后味该用什么精油，放置在中味／后味的位置。
3. 以上这是基本三个主精油，接着想前味这一味还需要变化吗？参考前味精油表，挑选之，最少不放，最多三个，各别放置。
4. 中后味以此类推，如此你就有了调香的精油清单，之后只要各别斟酌滴数即可。

	花香系					
中文名称	薰衣草	橙花	天竺葵	依兰	洋甘菊	
英文名称	Lavender	Neroli	Rose Geranium	Ylang Ylang	Chamomile Roman	
重点字	平衡	贵族	温暖	浪漫	舒敏	
魔法元素	水	天	土	水	金	
触发能量	交际力	意志力	执行力	交际力	沟通力	
气味描述	前味为清新草香，尾味为微甜花香	带点苦味、药味的百合花香味，具有阳光及安抚的气质	前味带有玫瑰气味，中味有薄荷的穿透以及厚重的花香粉味	甜美热情的花香	浓郁的甜苹果香，丰富多变，尾味有标准的甘菊草味	香 呈 系
香味类别	蜜香 / 幽香	幽香 / 媚香 / 吲哚香	暖香 / 粉香	浓香 / 媚香	蜜香 / 浓香	蜜 香
香调	前—中—后味	前—中—后味	前—中—后味	前—中—后味	前—中—后味	前
功效关键字	安神 / 助眠 / 平衡 / 降血压 / 愈合 / 淡斑疤 / 烫伤 / 驱蚊	抗老 / 迷人 / 优雅 / 贵族 / 活化 / 护肤	女性 / 温暖 / 滋润 / 活血 / 温情	浪漫 / 女性 / 热情 / 异性缘 / 活力 / 丰满	抗敏 / 消炎 / 抚慰 / 招财 / 爱情 / 育婴	美 抚
刺激度	极低度刺激性	中度刺激性	中度刺激性	中度刺激性	极低度刺激性	
注意事项	有低血压病史者需注意使用	怀孕期间宜小心使用	怀孕初期避免	怀孕期间宜小心使用	怀孕初期避免	

	木叶香系						
中文名称	冷杉	雪松	花梨木	桧木	丝柏	松针	
英文名称	Fir	Cedarwood	Rosewood	Hinoki	Cypress	Pine Needle	T
重点字	玉山	抚慰	灵感	舒适	长寿	抵抗力	
魔法元素	木	金	木	木	木	木	
触发能量	企划力	沟通力	企划力	企划力	企划力	企划力	企
气味描述	干净带有凉意的木味，如雨后清新的森林气息	甜美的木质香，带有檀香的尾味与优雅	花香、果香、木香都完美地融合在花梨木的香味中	非常有特色的独特木香，穿透力十足	清澈而振奋的木头香	爽朗的硬木香味	稍刺 穿透
香味类别	幽香 / 甜香	甜香 / 醇香	幽香 / 醇香 / 花香	醇香 / 甜香	鲜香 / 清香	幽香 / 甜香	刺香
香调	前—中味	前—中—后味	前—中—后味	前—中—后味	前—中味	前—中味	前
功效关键字	清爽 / 创意 / 芬多精 / 肌耐力 / 呼吸 / 元气	芬多精 / 呼吸 / 滋补 / 抗菌 / 防霉	玫瑰 / 创意 / 变化 / 热带 / 雨林 / 生命力 / 平衡 / 创造	芬多精 / 放松 / 舒压 / 排毒 / 好空气	排水 / 收敛 / 芬多精 / 永生	芬多精 / 君子 / 气质 / 净化 / 舒压 / 干净	杀菌 消
刺激度	低度刺激性	低度刺激性	极低度刺激性	低度刺激性	极低度刺激性	极低度刺激性	极低
注意事项	无	无	蚕豆症患者不宜	无	无	无	勿直 黏